高等院校"十三五"规划教材

高等数学
（经管类）

（下）

主　编　张　甜　陈　勤
副主编　刘　磊　杨策平
　　　　饶　峰
参　编　杨贵诚　阚兴莉
　　　　解　进　杨　永

U0316286

南京大学出版社

内容简介

本书深入浅出,以实例为主线,贯穿于概念的引入、例题的配置与习题的选择中,淡化纯数学的抽象概念,注重实际,特别根据应用型高等学校学生思想活跃的特点,举例富有时代性和吸引力,突出实用,通俗易懂,注重培养学生解决实际问题的技能,注意知识的拓展,针对不同院校课程设置的情况,可对教材内容进行取舍,便于教师使用.

本书可作为应用型高等学校(新升本院校,地方本科高等院校)本科经济与管理等非数学专业的"高等数学"或"微积分"课程的教材使用,也可作为部分专科的同类课程教材使用.

图书在版编目(CIP)数据

高等数学:经管类.下/ 张甜,陈勤主编.—南京:南京大学出版社,2017.9

(高等院校"十三五"规划教材)

ISBN 978-7-305-18806-0

Ⅰ.①高… Ⅱ.①张… ②陈… Ⅲ.①高等数学-高等数学-教材 Ⅳ.①O13

中国版本图书馆 CIP 数据核字(2017)第 129874 号

出版发行　南京大学出版社
社　　址　南京市汉口路 22 号　　邮　编　210093
出版人　金鑫荣

丛 书 名　高等院校"十三五"规划教材
书　　名　**高等数学(经管类)(下)**
主　　编　张　甜　陈　勤
责任编辑　吴　华　　　　　编辑热线　025-83596997

照　　排　南京理工大学资产经营有限公司
印　　刷　南京人民印刷厂
开　　本　787×1092　1/16　印张 9.75　字数 240 千
版　　次　2017 年 9 月第 1 版　2017 年 9 月第 1 次印刷
ISBN 978-7-305-18806-0
定　　价　26.00 元

网　　址:http://www.njupco.com
官方微博:http://weibo.com/njupco
微信服务号:njuyuexue
销售咨询热线:(025)83594756

前　言

本书是为了适应培养"实用型、应用型"的经济管理人才的要求而编写的公共数学课教材,可作为高等学校本专科经济类高等数学课程和高职高专数学课程的教材或教学参考书.

本书是在吸收国内外有关教材的优点的基础上并结合近年来经济数学教学改革经验的基础上编写而来的.

全书分为上、下两册,主要介绍了微积分学的基础知识,共有十章,包括函数、极限与连续、导数与微分、中值定理与导数的应用、不定积分与定积分、定积分的应用、多元函数微分学、二重积分、无穷级数、常微分方程等内容.

全书具有以下特色:

1. 针对当前教育实际与特点,突出"以应用为目的,必需够用为度"的指导思想,强调数学思想、数学方法及数学的应用.

2. 文字上力求深入浅出,形、数结合,形象易懂,让学生有兴趣、有能力学好该课程.

3. 本书在编写上侧重于应用,对过于复杂的定理证明以及在实际问题中应用较少的定理证明都予以省略,不去强调论证的严密性.

4. 注重数学概念与实际问题的联系,特别是与经济问题的联系.

5. 按章节配备适量基本要求题,有利于学生掌握基本概念、基本运算、基本方法.

教材编写具有一定的弹性,希望使适用面更为广泛. 不同层次的学生可以根据实际情况选择不同的内容.

本书得到南京大学出版社的大力支持,黄黎编辑为此付出辛勤劳动,特致以谢意.

由于编者水平有限,时间紧迫,难免存在疏漏之处,敬请专家、同行及广大读者指正.

编　者
2017 年 5 月

扫一扫可申请
教师教学资源

扫一扫可见
学生学习资源

目　录

第六章　微分方程

微积分研究的对象是函数,要应用微积分解决问题,首先要根据实际问题寻找其中存在的函数关系.但是根据实际问题给出的条件,往往不能直接写出其中的函数关系,而可以列出函数及其导数所满足的方程式,这类方程式称为微分方程.微分方程建立以后,对它进行研究,找出未知函数,这就是解微分方程.本章主要介绍微分方程的一些基本概念和几种较简单的微分方程的解法.

第一节　微分方程的基本概念

为了说明微分方程的基本概念,先看两个例子.

例1　一曲线通过点$(1,2)$,且在该曲线上任一点$M(x,y)$处的切线的斜率为$2x$,求这条曲线的方程.

解　设所求曲线的方程为$y=y(x)$,根据导数的几何意义,可知未知函数$y=y(x)$应满足关系式

$$\frac{\mathrm{d}y}{\mathrm{d}x}=2x \tag{1}$$

且满足下列条件:$x=1$时,$y=2$,简记为

$$y\Big|_{x=1}=2. \tag{2}$$

对(1)式两端积分,得$y=\int 2x\mathrm{d}x$,即

$$y=x^2+C, \tag{3}$$

其中C是任意常数.

将条件"$x=1$时,$y=2$"代入(3)式,得$2=1^2+C$,由此得出常数$C=1$.把$C=1$代入(3)式,得所求曲线方程(称为微分方程满足条件$y\Big|_{x=1}=2$的解)为

$$y=x^2+1. \tag{4}$$

例2　一个质量为m的物体在桌面上沿着直线做无摩擦的滑动,它被一端固定在墙上的弹簧所连接,此弹簧的弹性系数为$k(k>0)$.弹簧松弛时物体的位置确定为坐标原点O,直线确定为x轴,物体离开坐标原点的位移记为x(如图6-1).在初始时刻,物体的位移$x=x_0(x_0>0)$.物体从静止开始滑动,求物体的运动规律(即位移x随时

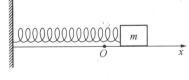

图6-1

间 t 变化的函数关系）.

解 首先，对物体进行受力分析．该物体所受合力为弹性恢复力，根据虎克定律，$F=-kx$（因为是恢复力，力的方向与位移 x 的方向相反，所以有负号），再根据牛顿第二定律，

$$F=m\frac{\mathrm{d}^2 x}{\mathrm{d}t^2},$$

于是得 x 所满足的方程：$m\dfrac{\mathrm{d}^2 x}{\mathrm{d}t^2}=-kx$，即

$$m\frac{\mathrm{d}^2 x}{\mathrm{d}t^2}+kx=0. \tag{5}$$

由题意有

$$x\big|_{t=0}=x_0, \quad \frac{\mathrm{d}x}{\mathrm{d}t}\bigg|_{t=0}=0.$$

若能根据以上条件解出 $x=x(t)$，就可得出该物体的运动规律．

以上两个例子中的方程(1)，(5)都是含有未知函数及其导数（包括一阶导数和高阶导数）的方程，这样的方程就称为微分方程．

定义 1 一般地，我们称表示未知函数、未知函数的导数或微分以及自变量之间关系的方程为**微分方程**，称未知函数是一元函数的微分方程为**常微分方程**，未知函数是多元函数的微分方程为**偏微分方程**．微分方程中出现的未知函数的最高阶导数的阶数，叫作**微分方程的阶**．

本章我们只讨论常微分方程．

例如，$x^3 y''' + x^2 y'' - 4xy' = 3x^2$ 是一个三阶微分方程，$y^{(4)} - 4y''' + 10y'' - 12y' + 5y = \sin 2x$ 是一个四阶微分方程，$y^{(n)} + 1 = 0$ 是一个 n 阶微分方程．

一般地，n 阶微分方程可写成

$$F(x,y,y',\cdots,y^{(n)})=0 \quad \text{或} \quad y^{(n)}=f(x,y,y',\cdots,y^{(n-1)}),$$

其中 F 是 $n+2$ 个变量的函数．必须指出，这里 $y^{(n)}$ 是必须出现的，而 $x,y,y',\cdots,y^{(n-1)}$ 等变量则可以不出现．例如，二阶微分方程

$$y''=f(x,y')$$

中 y 就没出现．

什么是微分方程的解呢？

定义 2 把满足微分方程的函数（把函数代入微分方程能使该方程成为恒等式）叫作该**微分方程的解**．确切地说，设函数 $y=\varphi(x)$ 在区间 I 上有 n 阶连续导数，如果在区间 I 上，有

$$F[x,\varphi(x),\varphi'(x),\cdots,\varphi^{(n)}(x)]\equiv 0,$$

那么函数 $y=\varphi(x)$ 就叫作微分方程 $F(x,y,y',\cdots,y^{(n)})=0$ 在区间 I 上的解．例如，

$$y=x^2, y=x^2+1, \cdots, y=x^2+C$$

都是方程(1)的解．

值得指出的是,由于解微分方程的过程需要积分,故微分方程的解中有时包含任意常数.

定义 3 如果微分方程的解中含有任意常数,且任意常数的个数与微分方程的阶数相同,则称这样的解为该**微分方程的通解**.例如,$y=x^2+C(C$ 为任意常数$)$就是方程(1)的通解;又如 $y=C_1\cos x+C_2\sin x(C_1,C_2$ 为任意常数$)$是二阶微分方程 $y''+y=0$ 的通解.

在以后的讨论中,除特殊说明外,C,C_1,C_2 等均指任意常数.

定义 4 用于确定通解中任意常数的条件,称为**初始条件**.如 $x=x_0$ 时,$y=y_0$,$y'=y_1$,或写成 $y\big|_{x=x_0}=y_0$,$y'\big|_{x=x_0}=y_1$.

定义 5 确定了通解中的任意常数以后,就得到**微分方程的特解**,即不含任意常数的解.例如,$y=x^2+1$ 是方程(1)的特解.

定义 6 求微分方程满足初始条件的特解的问题称为微分方程的**初值问题**.例1中,要求

$$\begin{cases} \dfrac{\mathrm{d}y}{\mathrm{d}x}=2x \\ y\big|_{x=1}=2 \end{cases}$$

的解就是一个初值问题.

定义 7 微分方程的解的图形是一条曲线,叫作微分方程的**积分曲线**.

例 3 验证函数

$$x=C_1\cos kx+C_2\sin kx \tag{6}$$

是微分方程

$$\dfrac{\mathrm{d}^2 x}{\mathrm{d}t^2}+k^2 x=0(k\neq 0) \tag{7}$$

的通解.

证明 求出所给函数(6)的一阶及二阶导数:

$$\dfrac{\mathrm{d}x}{\mathrm{d}t}=-C_1 k\sin kt+C_2 k\cos kt,$$

$$\dfrac{\mathrm{d}^2 x}{\mathrm{d}t^2}=-k^2(C_1\cos kt+C_2\sin kt). \tag{8}$$

把(6)及(8)代入方程(7),得

$$-k^2(C_1\cos kt+C_2\sin kt)+k^2(C_1\cos kt+C_2\sin kt)\equiv 0.$$

因此,函数(6)是方程(7)的解.

又函数(6)中含有两个任意常数,而(7)为二阶微分方程,所以函数(6)是方程(7)的通解.

习题 6-1

1. 指出下列各微分方程的自变量、未知函数、方程的阶数：

(1) $x^2 \mathrm{d}y + y^2 \mathrm{d}x = 0$；

(2) $\dfrac{\mathrm{d}^2 x}{\mathrm{d}y^2} + xy = 0$；

(3) $t(x')^2 - 2tx' - t = 0$；

(4) $\dfrac{\mathrm{d}^2 y}{\mathrm{d}x^2} + 2x + \left(\dfrac{\mathrm{d}y}{\mathrm{d}x}\right)^2 = 0$；

(5) $\dfrac{\mathrm{d}^4 s}{\mathrm{d}t^4} + s = s^4$．

2. 填空题：

(1) $xy'' + 2y'' + x^2 y = 0$ 是_____阶微分方程；

(2) $L\dfrac{\mathrm{d}^2 Q}{\mathrm{d}t^2} + R\dfrac{\mathrm{d}Q}{\mathrm{d}t} + \dfrac{Q}{c} = 0$ 是_____阶微分方程；

(3) 一个二阶微分方程的通解应含有_____个任意常数；

(4) 微分方程 $y'' - (y')^3 = xy - 1$ 的通解中有_____个互相独立的任意常数．

3. 验证下列函数是否为所给微分方程的解：

(1) $x\dfrac{\mathrm{d}y}{\mathrm{d}x} + 3y = 0, y = Cx^{-3}$；

(2) $\dfrac{\mathrm{d}^2 y}{\mathrm{d}x^2} - \dfrac{2\mathrm{d}y}{x\mathrm{d}x} + \dfrac{2y}{x^2} = 0, y = C_1 x + C_2 x^2$；

(3) $y'' + k^2 y = 0, y = C_1 \mathrm{e}^{kx} + C_2 \mathrm{e}^{-kx}$；

(4) $\dfrac{\mathrm{d}^2 y}{\mathrm{d}x^2} + w^2 y = 0, y = C_1 \cos\omega x + C_2 \sin\omega x$．

4. 在下列各题给出的微分方程的通解中，按照所给的初始条件确定特解：

(1) $x^2 - y^2 = C, y\big|_{x=0} = 5$；

(2) $y = C_1 \sin(x - C_2), y\big|_{x=\pi} = 1, y'\big|_{x=\pi} = 0$．

5. 写出由下列条件确定的曲线所满足的微分方程：

(1) 曲线在点 (x, y) 处的切线斜率等于该点横坐标的平方；

(2) 曲线上点 $P(x, y)$ 处的法线与 x 轴的交点为 Q，而线段 PQ 被 y 轴平分．

6. 验证 $y = \mathrm{e}^x + \mathrm{e}^{-x}$ 是否是方程 $y'' - y = 0$ 的解．若是，指出是通解还是特解．

第二节　可分离变量的微分方程

定义 1　如果一个一阶微分方程能写成

$$g(y)\mathrm{d}y = f(x)\mathrm{d}x \ (\text{或写成 } y' = \varphi(x))$$

的形式，即能把微分方程写成一端只含 y 的函数和 $\mathrm{d}y$，另一端只含 x 的函数和 $\mathrm{d}x$，那么原方程就称为**可分离变量的微分方程**．

可分离变量的微分方程的解法：

第一步　分离变量，将方程写成 $g(y)\mathrm{d}y = f(x)\mathrm{d}x$ 的形式；

第二步　两端积分 $\displaystyle\int g(y)\mathrm{d}y = \int f(x)\mathrm{d}x$，设积分后得 $G(y) = F(x) + C$；

第三步 求出由 $G(y)=F(x)+C$ 所确定的隐函数 $y=\Phi(x)$ 或 $x=\psi(y)$.

$G(y)=F(x)+C$,$y=\Phi(x)$ 或 $x=\psi(y)$ 都是方程的通解,其中 $G(y)=F(x)+C$ 称为隐式(通)解.

例1 求微分方程

$$\frac{\mathrm{d}y}{\mathrm{d}x}=2xy \tag{1}$$

的通解.

分析 解微分方程的第一个步骤是判断方程的类型,然后根据类型选择解法,这是一个可分离变量的方程,故选择上述先分离变量、后积分的解法.

解 此方程为可分离变量方程,分离变量后得

$$\frac{1}{y}\mathrm{d}y=2x\mathrm{d}x(y\neq0).$$

两边积分,得

$$\int \frac{1}{y}\mathrm{d}y = \int 2x\mathrm{d}x, \tag{2}$$

即

$$\ln|y|=x^2+C_1, \tag{3}$$

从而

$$y=\pm e^{x^2+C_1}=\pm e^{C_1} e^{x^2}.$$

因为 $\pm e^{C_1}$ 仍是任意常数,把它记作 C,又 $y=0$ 也是方程(1)的解,所以方程(1)的通解可表示成

$$y=Ce^{x^2}. \tag{4}$$

为方便,今后我们由(2)式两边积分得

$$\ln y=x^2+\ln C,$$

并由此直接得方程(1)的通解(4).

例2 铀的衰变速度与当时未衰变的原子的含量 M 成正比.已知 $t=0$ 时铀的含量为 M_0,求在衰变过程中铀含量 $M(t)$ 随时间 t 变化的规律.

解 铀的衰变速度就是 $M(t)$ 对时间 t 的导数 $\frac{\mathrm{d}M}{\mathrm{d}t}$. 由于铀的衰变速度与其含量成正比,故得微分方程

$$\frac{\mathrm{d}M}{\mathrm{d}t}=-\lambda M,$$

其中 $\lambda(\lambda>0)$ 是常数,叫作衰变系数,λ 前的负号表示当 t 增加时 M 单调减少,即 $\frac{\mathrm{d}M}{\mathrm{d}t}<0$. 由题意,初始条件为 $M\big|_{t=0}=M_0$.

将方程分离变量,得

$$\frac{\mathrm{d}M}{M} = -\lambda \mathrm{d}t,$$

两边积分,得

$$\int \frac{\mathrm{d}M}{M} = \int (-\lambda)\mathrm{d}t,$$

即 $\ln M = -\lambda t + \ln C$,也即 $M = C\mathrm{e}^{-\lambda t}$. 由初始条件,得 $M_0 = C\mathrm{e}^0 = C$,所以铀含量 $M(t)$ 随时间 t 变化的规律为 $M = M_0 \mathrm{e}^{-\lambda t}$.

例 3　求微分方程 $\dfrac{\mathrm{d}y}{\mathrm{d}x} = 1 + x + y^2 + xy^2$ 的通解.

解　方程可化为

$$\frac{\mathrm{d}y}{\mathrm{d}x} = (1+x)(1+y^2).$$

分离变量,得

$$\frac{1}{1+y^2}\mathrm{d}y = (1+x)\mathrm{d}x.$$

两边积分,得

$$\int \frac{1}{1+y^2}\mathrm{d}y = \int (1+x)\mathrm{d}x,$$

即　$\arctan y = \dfrac{1}{2}x^2 + x + C.$

于是,原方程的通解为

$$y = \tan\left(\frac{1}{2}x^2 + x + C\right).$$

例 4　求解

$$\begin{cases} \dfrac{\mathrm{d}y}{\mathrm{d}x} = -\dfrac{x}{y} \\ y(0) = 1 \end{cases}$$

的初值问题.

解　分离变量得　　　　　　　　$y\mathrm{d}y = -x\mathrm{d}x,$

两边积分　　　　　　　　　　$\int y\mathrm{d}y = -\int x\mathrm{d}x,$

得　　　　　　　　　　$\dfrac{1}{2}y^2 = -\dfrac{1}{2}x^2 + C_1.$

方程的通解为　　　　　　　　　$x^2 + y^2 = C.$

将 $y(0) = 1$ 代入通解得 $C = 1$,即所求的特解为

$$x^2 + y^2 = 1.$$

例 5 某公司 t 年净资产有 $W(t)$（百万元），并且资产本身以每年 5% 的速度连续增长，同时该公司每年要以 30 百万元的数额连续支付职工工资.

（1）给出描述净资产 $W(t)$ 的微分方程；

（2）求方程的解，假设初始净资产为 W_0；

（3）讨论在 $W_0 = 500, 600, 700$ 三种情况下，$W(t)$ 变化的特点.

解 （1）利用平衡法，即由

净资产增长速度＝资产本身增长速度－职工工资支付速度

建立微分方程

$$\frac{\mathrm{d}W}{\mathrm{d}t} = 0.05W - 30.$$

（2）分离变量得

$$\frac{\mathrm{d}W}{0.05W - 30} = \mathrm{d}t.$$

两边积分得

$$\ln|W - 600| = 0.05t + \ln C_1.$$

化简得方程的通解为

$$W = C\mathrm{e}^{0.05t} + 600.$$

将 $t = 0, W = W_0$ 代入得方程的特解为

$$W = 600 + (W_0 - 600)\mathrm{e}^{0.05t}.$$

（3）当 $W_0 = 500$ 时，$W_0 - 600 < 0$，净资产额将按指数逐渐减少；当 $W_0 = 600$ 时，$W_0 - 600 = 0$，公司收支平衡，资产保持在 600 万元不变；当 $W_0 = 700$ 时，$W_0 - 600 > 0$，公司净资产将按指数逐渐增大.

习题 6-2

1. 求下列微分方程的通解：

（1）$xy' - y\ln y = 0$；

（2）$3x^2 + 5x - 5y' = 0$；

（3）$y' = \dfrac{\sqrt{1 - y^2}}{\sqrt{1 - x^2}}$；

（4）$\sec^2 x \tan y\, \mathrm{d}x + \sec^2 y \tan x\, \mathrm{d}y = 0$；

（5）$\dfrac{\mathrm{d}y}{\mathrm{d}x} = 10^{x+y}$；

（6）$(\mathrm{e}^{x+y} - \mathrm{e}^x)\mathrm{d}x + (\mathrm{e}^{x+y} + \mathrm{e}^y)\mathrm{d}y = 0$；

（7）$\cos x \sin y\, \mathrm{d}x + \sin x \cos y\, \mathrm{d}y = 0$；

（8）$y\,\mathrm{d}x + (x^2 - 4x)\mathrm{d}y = 0$.

2. 求下列微分方程满足所给初始条件的特解：

（1）$y' = \mathrm{e}^{2x-y}, \left. y \right|_{x=0} = 0$；

(2) $y'\sin x=y\ln y$，$y\big|_{x=\frac{\pi}{2}}=\mathrm{e}$；

(3) $\cos y\mathrm{d}x+(1+\mathrm{e}^{-x})\sin y\mathrm{d}y=0$，$y\big|_{x=0}=\dfrac{\pi}{4}$；

(4) $x\mathrm{d}y+2y\mathrm{d}x=0$，$y\big|_{x=2}=1$.

3. 质量为 1 g 的质点受外力作用做直线运动，外力和时间成正比，和质点运动的速度成反比. 在 $t=10$ s 时，速度等于 50 cm/s，外力为 4 g·cm/s^2. 问从运动开始经过了 1 min 后质点的速度是多少？

4. 镭的衰变有如下的规律：镭的衰变速度与它的现存量 R 成正比. 由经验材料得知，镭经过 1 600 年后，只余原始量 R_0 的一半. 试求镭的量 R 与时间 t 的函数关系.

5. 一曲线通过点 $(2,3)$，它在两坐标轴间的任一切线线段均被切点所平分，求这条曲线的方程.

第三节　齐次方程

定义　如果一阶微分方程 $\dfrac{\mathrm{d}y}{\mathrm{d}x}=f(x,y)$ 中的函数 $f(x,y)$ 可写成 $\dfrac{y}{x}$ 的函数，即 $f(x,y)=\varphi\left(\dfrac{y}{x}\right)$，则称方程 $\dfrac{\mathrm{d}y}{\mathrm{d}x}=\varphi\left(\dfrac{y}{x}\right)$ 为**齐次方程**.

下列方程中哪些是齐次方程？

(1) $xy'-y-\sqrt{y^2-x^2}=0$ 是齐次方程，因为 $\dfrac{\mathrm{d}y}{\mathrm{d}x}=\dfrac{y+\sqrt{y^2-x^2}}{x}\Rightarrow\dfrac{\mathrm{d}y}{\mathrm{d}x}=\dfrac{y}{x}+\sqrt{\left(\dfrac{y}{x}\right)^2-1}$.

(2) $\sqrt{1-x^2}\,y'=\sqrt{1-y^2}$ 不是齐次方程，因为 $\dfrac{\mathrm{d}y}{\mathrm{d}x}=\sqrt{\dfrac{1-y^2}{1-x^2}}$.

(3) $(x^2+y^2)\mathrm{d}x-xy\mathrm{d}y=0$ 是齐次方程，因为 $\dfrac{\mathrm{d}y}{\mathrm{d}x}=\dfrac{x^2+y^2}{xy}\Rightarrow\dfrac{\mathrm{d}y}{\mathrm{d}x}=\dfrac{x}{y}+\dfrac{y}{x}$.

(4) $(2x+y-4)\mathrm{d}x+(x+y-1)\mathrm{d}y=0$ 不是齐次方程，因为 $\dfrac{\mathrm{d}y}{\mathrm{d}x}=-\dfrac{2x+y-4}{x+y-1}$.

齐次方程的解法：

在齐次方程 $\dfrac{\mathrm{d}y}{\mathrm{d}x}=\varphi\left(\dfrac{y}{x}\right)$ 中，令 $u=\dfrac{y}{x}$，则 $y=ux$，$\dfrac{\mathrm{d}y}{\mathrm{d}x}=u+x\dfrac{\mathrm{d}u}{\mathrm{d}x}$，所以有

$$u+x\frac{\mathrm{d}u}{\mathrm{d}x}=\varphi(u),$$

分离变量，得

$$\frac{\mathrm{d}u}{\varphi(u)-u}=\frac{\mathrm{d}x}{x},$$

两端积分，得

$$\int \frac{\mathrm{d}u}{\varphi(u)-u} = \int \frac{\mathrm{d}x}{x}.$$

求出积分后,再用 $\frac{y}{x}$ 代替 u,即得所给齐次方程的通解.

例 1 解方程 $y^2 + x^2 \frac{\mathrm{d}y}{\mathrm{d}x} = xy \frac{\mathrm{d}y}{\mathrm{d}x}$.

解 原方程可写成

$$\frac{\mathrm{d}y}{\mathrm{d}x} = \frac{y^2}{xy-x^2} = \frac{\left(\dfrac{y}{x}\right)^2}{\dfrac{y}{x}-1}.$$

因此,原方程是齐次方程. 令 $\frac{y}{x} = u$,则 $y = ux, \frac{\mathrm{d}y}{\mathrm{d}x} = u + x \frac{\mathrm{d}u}{\mathrm{d}x}$,于是原方程变为

$$u + x \frac{\mathrm{d}u}{\mathrm{d}x} = \frac{u^2}{u-1},$$

即

$$x \frac{\mathrm{d}u}{\mathrm{d}x} = \frac{u}{u-1},$$

分离变量,得

$$\left(1 - \frac{1}{u}\right)\mathrm{d}u = \frac{\mathrm{d}x}{x}.$$

两边积分,得

$$u - \ln u + C = \ln x \quad 即 \quad \ln xu = u + C.$$

以 $\frac{y}{x}$ 代替上式中的 u,得原方程的通解

$$\ln y = \frac{y}{x} + C.$$

例 2 求微分方程 $(y + \sqrt{x^2 - y^2})\mathrm{d}x - x\mathrm{d}y = 0 \ (x > 0)$ 的通解.

解 由原方程得 $\frac{\mathrm{d}y}{\mathrm{d}x} = \frac{y + \sqrt{x^2 - y^2}}{x}$,即

$$\frac{\mathrm{d}y}{\mathrm{d}x} = \frac{y}{x} + \sqrt{1 - \left(\frac{y}{x}\right)^2}.$$

这是齐次方程.

令 $u = \frac{y}{x}$,则 $y = ux, \frac{\mathrm{d}y}{\mathrm{d}x} = u + x \frac{\mathrm{d}u}{\mathrm{d}x}$,于是原方程变为

$$u + x \frac{\mathrm{d}u}{\mathrm{d}x} = u + \sqrt{1 - u^2}, \quad 即 \quad x \frac{\mathrm{d}u}{\mathrm{d}x} = \sqrt{1 - u^2}.$$

这是一个可分离变量的微分方程. 分离变量得

$$\frac{\mathrm{d}u}{\sqrt{1-u^2}}=\frac{\mathrm{d}x}{x}.$$

两边积分得

$$\arcsin u=\ln x+C.$$

将 $u=\dfrac{y}{x}$ 代入, 得原方程的通解为

$$\arcsin\frac{y}{x}=\ln x+C.$$

对于齐次方程, 我们通过变量代换 $y=xu$, 把它化为可分离变量的方程, 然后分离变量, 经积分求得通解. 变量代换的方法是解微分方程最常用的方法. 这就是说, 求解一个不能分离变量的微分方程, 常要考虑寻求适当的变量代换(因变量的变量代换或自变量的变量代换), 使它化为变量可分离的方程. 下面仅举一个例子.

例3 求解微分方程

$$\frac{\mathrm{d}y}{\mathrm{d}x}=\frac{1}{x+y}.$$

解 令 $x+y=u$, 则 $y=u-x$, $\dfrac{\mathrm{d}y}{\mathrm{d}x}=\dfrac{\mathrm{d}u}{\mathrm{d}x}-1$. 于是

$$\frac{\mathrm{d}u}{\mathrm{d}x}-1=\frac{1}{u},$$

即

$$\frac{\mathrm{d}u}{\mathrm{d}x}=\frac{1}{u}+1=\frac{u+1}{u}.$$

分离变量得

$$\frac{u}{u+1}\mathrm{d}u=\mathrm{d}x,$$

积分得

$$u-\ln(u+1)=x-\ln C.$$

将 $u=x+y$ 代入, 得

$$y-\ln(x+y+1)=-\ln C,$$

即

$$x=C\mathrm{e}^{y}-y-1.$$

例4 求微分方程 $x(\ln x-\ln y)\mathrm{d}y-y\mathrm{d}x=0$ 的通解, 并解其初值问题 $y(1)=1$.

解 原方程化简为

$$\frac{\mathrm{d}y}{\mathrm{d}x}=-\frac{\dfrac{y}{x}}{\ln\dfrac{y}{x}}.$$

令 $u=\dfrac{y}{x}$，则 $\dfrac{\mathrm{d}y}{\mathrm{d}x}=u+x\dfrac{\mathrm{d}u}{\mathrm{d}x}$.

代入原方程得

$$\frac{\ln u}{u(\ln u+1)}\mathrm{d}u=-\frac{\mathrm{d}x}{x}.$$

两边积分得

$$\ln u-\ln(\ln u+1)=-\ln x+\ln C,$$

将变量回代得通解

$$y=C\left(\ln\frac{y}{x}+1\right).$$

将 $y(1)=1$ 代入上式得

$$C=1,$$

故所求问题的特解为

$$y=\ln\frac{y}{x}+1.$$

习题 6－3

1. 求下列齐次方程的通解：

(1) $xy'-y-\sqrt{y^2-x^2}=0$；

(2) $x\dfrac{\mathrm{d}y}{\mathrm{d}x}=y\ln\dfrac{y}{x}$；

(3) $(x^2+y^2)\mathrm{d}x-xy\mathrm{d}y=0$；

(4) $(1+2\mathrm{e}^{\frac{x}{y}})\mathrm{d}x+2\mathrm{e}^{\frac{x}{y}}\left(1-\dfrac{x}{y}\right)\mathrm{d}y=0$.

2. 求下列齐次方程满足所给初始条件的特解：

(1) $(y^2-3x^2)\mathrm{d}y+2xy\mathrm{d}x=0,y\big|_{x=0}=1$；

(2) $(x+2y)y'=y-2x,y\big|_{x=1}=1$.

3. 用适当的变量代换将下列方程化为可分离变量的方程，然后求出通解：

(1) $y'=(x+y)^2$；　(2) $y'=\dfrac{1}{x-y}+1$；　(3) $xy'+y=y(\ln x+\ln y)$.

第四节　一阶线性微分方程

定义　形如 $\dfrac{\mathrm{d}y}{\mathrm{d}x}+P(x)y=Q(x)$ 的微分方程，称为**一阶线性微分方程**. 线性是指方程关

于未知函数 y 及其导数 $\dfrac{\mathrm{d}y}{\mathrm{d}x}$ 都是一次的，称 $Q(x)$ 为**非齐次项**或**右端项**，如果 $Q(x)\equiv0$，则称

方程为**一阶线性齐次微分方程**,否则,即 $Q(x)$ 不恒等于 0,则称方程为**一阶线性非齐次微分方程**.

对于一阶线性非齐次微分方程

$$\frac{\mathrm{d}y}{\mathrm{d}x}+P(x)y=Q(x), \tag{1}$$

称方程

$$\frac{\mathrm{d}y}{\mathrm{d}x}+P(x)y=0 \tag{2}$$

为方程(1)所对应的齐次微分方程.

下列方程是什么类型的方程?

(1) $(x-2)\frac{\mathrm{d}y}{\mathrm{d}x}=y$,因为 $\frac{\mathrm{d}y}{\mathrm{d}x}-\frac{1}{x-2}y=0$,所以原方程是一阶线性齐次微分方程.

(2) $3x^2+5x-y'=0$,因为 $y'=3x^2+5x$,所以原方程是一阶线性非齐次微分方程.

(3) $y'+y\cos x=\mathrm{e}^{-\sin x}$,是一阶线性非齐次微分方程.

(4) $\frac{\mathrm{d}y}{\mathrm{d}x}=10^{x+y}$,不是一阶线性微分方程.

(5) $(y+1)^2\frac{\mathrm{d}y}{\mathrm{d}x}+x^3=0$,因为 $\frac{\mathrm{d}y}{\mathrm{d}x}+\frac{x^3}{(y+1)^2}=0$ 或 $\frac{\mathrm{d}x}{\mathrm{d}y}+\frac{(y+1)^2}{x^3}=0$,所以原方程不是一阶线性方程.

一、一阶线性齐次微分方程的解法

方程 $\frac{\mathrm{d}y}{\mathrm{d}x}+P(x)y=0$ 是变量可分离方程,分离变量后得

$$\frac{\mathrm{d}y}{y}=-P(x)\mathrm{d}x.$$

两边积分,得

$$\ln y=-\int P(x)\mathrm{d}x+\ln C,$$

即

$$y=C\mathrm{e}^{-\int P(x)\mathrm{d}x}. \tag{3}$$

这就是齐次微分方程(2)的通解(积分中不再加任意常数).

例 1 求方程 $(x-2)\frac{\mathrm{d}y}{\mathrm{d}x}=y$ 的通解.

解 这是一阶线性齐次微分方程,分离变量,得

$$\frac{\mathrm{d}y}{y}=\frac{\mathrm{d}x}{x-2}.$$

两边积分,得

$$\ln y=\ln(x-2)+\ln C,$$

所以方程的通解为 $y=C(x-2)$.

二、一阶线性非齐次微分方程的解法(常数变易法)

将齐次方程(2)的通解(3)中的任意常数 C 换成未知函数 $u(x)$,再把

$$y = u(x)e^{-\int P(x)dx}$$

设想成非齐次方程(1)的通解,代入(1)中,得

$$u'(x)e^{-\int P(x)dx} - u(x)e^{-\int P(x)dx}P(x) + P(x)u(x)e^{-\int P(x)dx} = Q(x),$$

化简得

$$u'(x) = Q(x)e^{\int P(x)dx},$$

即

$$u(x) = \int Q(x)e^{\int P(x)dx}dx + C.$$

于是非齐次方程(1)的通解为

$$y = e^{-\int P(x)dx}\left[\int Q(x)e^{\int P(x)dx}dx + C\right], \tag{4}$$

或

$$y = Ce^{-\int P(x)dx} + e^{-\int P(x)dx}\int Q(x)e^{\int P(x)dx}dx.$$

故一阶线性非齐次微分方程(1)的通解等于它对应的齐次微分方程的通解与它的一个特解之和.

例 2 求方程 $\dfrac{dy}{dx} - \dfrac{2y}{x+1} = (x+1)^{\frac{5}{2}}$ 的通解.

分析 我们可以直接用公式(4)求出方程的通解.也可以应用常数变易法求方程的通解.这里我们采用后者.

解 先求原方程对应的齐次微分方程 $\dfrac{dy}{dx} - \dfrac{2y}{x+1} = 0$ 的通解.

分离变量,得

$$\frac{dy}{y} = \frac{2dx}{x+1},$$

两边积分,得

$$\ln y = 2\ln(x+1) + \ln C,$$

故齐次线性方程的通解为 $\qquad y = C(x+1)^2$.

下面用常数变易法求原方程的通解.把 C 换成 $u(x)$,即令 $y=u(x)(x+1)^2$,代入原方程,得

$$u'(x)(x+1)^2 + 2u(x)(x+1) - \frac{2}{x+1}u(x)(x+1)^2 = (x+1)^{\frac{5}{2}},$$

$$u'(x) = (x+1)^{\frac{1}{2}},$$

两边积分,得

$$u(x) = \frac{2}{3}(x+1)^{\frac{3}{2}} + C,$$

再把上式代入 $y = u(x) \cdot (x+1)^2$ 中，即得所求方程的通解为

$$y = (x+1)^2 \left[\frac{2}{3}(x+1)^{\frac{3}{2}} + C \right].$$

例 3　求一曲线方程，此曲线通过原点，并且它在点 (x,y) 处的切线斜率等于 $2x+y$.

解　设所求曲线方程为 $y = y(x)$，则

$$\begin{cases} \dfrac{\mathrm{d}y}{\mathrm{d}x} = 2x + y \\ y \Big|_{x=0} = 0 \end{cases}, \tag{5}$$

这是一阶微分方程的初值问题. (6)

方程(5)可化为 $\dfrac{\mathrm{d}y}{\mathrm{d}x} - y = 2x$，故它是一阶线性非齐次方程，其中 $P(x) = -1, Q(x) = 2x$. 根据公式(4)得方程(5)的通解为

$$y = \mathrm{e}^{-\int(-1)\mathrm{d}x} \left[\int 2x \mathrm{e}^{\int(-1)\mathrm{d}x} \mathrm{d}x + C \right] = \mathrm{e}^x \left(\int 2x \mathrm{e}^{-x} \mathrm{d}x + C \right)$$

$$= \mathrm{e}^x (-2x\mathrm{e}^{-x} - 2\mathrm{e}^{-x} + C) = C\mathrm{e}^x - 2x - 2.$$

又因为 $y \Big|_{x=0} = 0$，所以 $-2 + C = 0$，即 $C = 2$，于是所求曲线方程为

$$y = 2(\mathrm{e}^x - x - 1).$$

例 4　解方程 $\dfrac{\mathrm{d}y}{\mathrm{d}x} = \dfrac{1}{x+y}$.

分析　这个微分方程作为以 x 为自变量，以 y 为未知函数的方程，既不属于可分离变量方程和齐次方程，也不属于一阶线性微分方程. 我们希望将它转化成上述可解类型的方程.

解　由原方程得 $\dfrac{\mathrm{d}x}{\mathrm{d}y} = x + y$，即

$$\frac{\mathrm{d}x}{\mathrm{d}y} - x = y.$$

它可以看成以 y 为自变量，以 x 为未知函数的一阶线性微分方程. 这时

$$P(y) = -1, Q(y) = y,$$

相应的通解公式(4)应该为

$$x = \mathrm{e}^{-\int P(y)\mathrm{d}y} \left[\int Q(y) \mathrm{e}^{\int P(y)\mathrm{d}y} \mathrm{d}y + C \right],$$

所以原方程的通解为

$$x = \mathrm{e}^{-\int(-1)\mathrm{d}y} \left[\int y \mathrm{e}^{\int(-1)\mathrm{d}y} \mathrm{d}y + C \right] = \mathrm{e}^y \left(\int y \mathrm{e}^{-y} \mathrm{d}y + C \right)$$

$$= \mathrm{e}^y (-y\mathrm{e}^{-y} - \mathrm{e}^{-y} + C) = C\mathrm{e}^y - y - 1,$$

习题 6-4

1. 求下列微分方程的通解：

(1) $\dfrac{dy}{dx}+y=e^{-x}$;

(2) $\dfrac{d\rho}{d\theta}+3\rho=2$;

(3) $y'+y\cos x=e^{-\sin x}$;

(4) $y'+y\tan x=\sin 2x$;

(5) $(x^2-1)y'+2xy-\cos x=0$;

(6) $y'+2xy=4x$;

(7) $2y\,dx+(y^2-6x)\,dy=0$;

(8) $y\ln y\,dx+(x-\ln y)\,dy=0$.

2. 求下列微分方程满足所给初始条件的特解：

(1) $y'-y\tan x=\sec x,\ y\big|_{x=0}=0$;

(2) $y'+\dfrac{y}{x}=\dfrac{\sin x}{x},\ y\big|_{x=\pi}=1$;

(3) $y'+y\cot x=5e^{\cos x},\ y\big|_{x=\frac{\pi}{2}}=-4$;

(4) $y'+\dfrac{2-3x^2}{x^3}y=1,\ y\big|_{x=1}=0$.

3. 求一曲线，这条曲线通过原点，并且它在点 (x,y) 处的切线斜率等于 $2x+y$.

4. 设有一质量为 m 的质点做直线运动. 从速度等于 0 的时刻起，有一个与运动方向一致、大小与时间成正比（比例系数为 k_1）的力作用于它，此外还受到与速度成正比（比例系数为 k_2）的阻力. 求质点运动的速度与时间的函数关系.

第五节　可降阶的高阶微分方程

一、$y^{(n)}=f(x)$ 型的微分方程

解法　对两边求积分，得

$$y^{(n-1)}=\int f(x)\,dx+C_1,$$

$$y^{(n-2)}=\int\left[\int f(x)\,dx+C_1\right]dx+C_2.$$

依此法继续进行，接连积分 n 次，便得原微分方程的含有 n 个任意常数的通解.

例 1　求微分方程 $y'''=e^{2x}-\cos x$ 的通解.

解　对所给方程接连积分三次，得

$$y''=\frac{1}{2}e^{2x}-\sin x+C_1,$$

$$y'=\frac{1}{4}e^{2x}+\cos x+C_1 x+C_2,$$

$$y=\frac{1}{8}e^{2x}+\sin x+\frac{1}{2}C_1 x^2+C_2 x+C_3.$$

这就是所给方程的通解.

二、$y''=f(x,y')$ 型的微分方程

解法　设 $y'=p$，则 $y''=\dfrac{dp}{dx}=p'$，方程化为

$$p' = f(x, p),$$

这是一个关于变量 x, p 的一阶微分方程. 设其通解为 $p = \varphi(x, C_1)$, 即

$$\frac{dy}{dx} = \varphi(x, C_1),$$

对其积分, 便得原方程的通解为

$$y = \int \varphi(x, C_1) dx + C_2.$$

例 2　求微分方程 $(1 + x^2) y'' = 2xy'$ 满足初始条件 $y\big|_{x=0} = 1, y'\big|_{x=0} = 3$ 的特解.

解　所给方程是 $y'' = f(x, y')$ 型的. 设 $y' = p$, 代入方程并分离变量后, 有

$$\frac{dp}{p} = \frac{2x}{1 + x^2} dx,$$

两边积分, 得

$$\ln p = \ln(1 + x^2) + \ln C_1,$$

即

$$p = y' = C_1(1 + x^2).$$

由条件 $y'\big|_{x=0} = 3$, 得 $C_1 = 3$, 所以

$$y' = 3(1 + x^2).$$

两边再积分, 得

$$y = x^3 + 3x + C_2.$$

又由条件 $y\big|_{x=0} = 1$, 得 $C_2 = 1$, 于是所求的特解为 $y = x^3 + 3x + 1$.

三、$y'' = f(y, y')$ 型的微分方程

解法　设 $y' = p$, 则

$$y'' = \frac{dp}{dx} = \frac{dp}{dy} \cdot \frac{dy}{dx} = p \frac{dp}{dy}.$$

原方程化为

$$p \frac{dp}{dy} = f(y, p).$$

这是一个关于变量 y, p 的一阶微分方程. 设其通解为 $y' = p = \varphi(y, C_1)$, 分离变量并积分, 便得原方程的通解为

$$\int \frac{dy}{\varphi(y, C_1)} = x + C_2.$$

例 3　求微分方程 $yy'' - y'^2 = 0$ 的通解.

解　设 $y'=p$，则 $y''=p\dfrac{\mathrm{d}p}{\mathrm{d}y}$，代入原方程，得

$$yp\frac{\mathrm{d}p}{\mathrm{d}y}-p^2=0.$$

当 $y\neq0,p\neq0$ 时，约去 p 并分离变量，得

$$\frac{\mathrm{d}p}{p}=\frac{\mathrm{d}y}{y}.$$

两边积分得

$$\ln p=\ln y+\ln C_1,$$

即

$$p=C_1y\quad\text{或}\quad y'=C_1y,$$

再分离变量并两边积分，得原方程的通解为

$$\ln y=C_1x+\ln C_2\quad\text{或}\quad y=C_2\mathrm{e}^{C_1x}.$$

习题　6－5

1. 求下列各微分方程的通解：

(1) $y''=x+\sin x$；

(2) $y'''=x\mathrm{e}^x$；

(3) $y''=\dfrac{1}{1+x^2}$；

(4) $y''=1+y'^2$；

(5) $y''=y'+x$；

(6) $xy''+y'=0$；

(7) $y^3y''-1=0$；

(8) $y''=(y')^3+y'$.

2. 求下列各微分方程满足所给初始条件的特解：

(1) $y'''=\mathrm{e}^{ax},y\big|_{x=1}=y'\big|_{x=1}=y''\big|_{x=1}=0$；

(2) $y''-ay'^2=0,y\big|_{x=0}=0,y'\big|_{x=0}=-1$；

(3) $(1-x^2)y''-xy'=0,y\big|_{x=0}=0,y'\big|_{x=0}=1$；

(4) $y''=3\sqrt{y},y\big|_{x=0}=1,y'\big|_{x=0}=2$.

3. 试求 $y''=x$ 的经过点 $M(0,1)$ 且在此点与直线 $y=\dfrac{x}{2}+1$ 相切的积分曲线.

第六节　二阶常系数齐次线性微分方程

定义 1　微分方程

$$y''+py'+qy=0 \tag{1}$$

称为**二阶常系数齐次线性微分方程**，其中 p,q 均为常数.

我们可以用代数的方法来解这类方程. 为此, 先讨论这类方程的性质.

定理 如果函数 $y_1(x)$ 与 $y_2(x)$ 是方程(1)的两个解, 那么, 对于任何常数 C_1, C_2,

$$y = C_1 y_1(x) + C_2 y_2(x)$$

仍然是方程(1)的解.

证明 $(C_1 y_1 + C_2 y_2)' = C_1 y_1' + C_2 y_2'$, $(C_1 y_1 + C_2 y_2)'' = C_1 y_1'' + C_2 y_2''$.

因为 y_1 与 y_2 是方程(1)的解, 所以有

$$y_1'' + p y_1' + qy_1 = 0 \quad 及 \quad y_2'' + py_2' + qy_2 = 0,$$

从而

$$(C_1 y_1 + C_2 y_2)'' + p(C_1 y_1 + C_2 y_2)' + q(C_1 y_1 + C_2 y_2)$$
$$= C_1(y_1'' + p y_1' + qy_1) + C_2(y_2'' + py_2' + qy_2) = 0 + 0 = 0.$$

这就证明了 $y = C_1 y_1(x) + C_2 y_2(x)$ 也是方程 $y'' + py' + qy = 0$ 的解.

由此定理可知, 如果我们能找到方程(1)的两个解 $y_1(x)$ 与 $y_2(x)$, 且 $y_1(x)/y_2(x)$ 不恒等于常数, 那么

$$y = C_1 y_1(x) + C_2 y_2(x)$$

就是含有两个任意常数的解, 因而就是方程(1)的通解. 否则, 若 $y_1(x)/y_2(x) \equiv$ 常数 C, 即 $y_1(x) \equiv C y_2(x)$, 那么 $C_1 y_1(x) + C_2 y_2(x) = C_1 C y_2(x) + C_2 y_2(x) = (C_1 C + C_2) y_2(x) = C_3 y_2(x)$, 此时这个解实际上只含一个任意常数, 因而就不是二阶方程(1)的通解.

> **注意** 对于两个函数, 如果它们的比为常数, 则称这两个函数**线性相关**, 如果它们的比不为常数, 则称这两个函数**线性无关**.

所以定理1告诉我们: 如果 $y_1(x)$ 与 $y_2(x)$ 是二阶常系数齐次线性微分方程的两个线性无关的解, 那么 $y = C_1 y_1(x) + C_2 y_2(x)$ 就是它的通解.

下面, 我们讨论如何用代数的方法来找方程(1)的两个特解.

当 r 为常数时, 指数函数 $y = e^{rx}$ 和它的各阶导数都只差一个常数因子. 由于指数函数有这样的特点, 因此, 我们用函数 $y = e^{rx}$ 来尝试, 看能否适当地选取常数 r, 使 $y = e^{rx}$ 满足方程(1).

将 $y = e^{rx}$ 求导, 得

$$y' = re^{rx}, \quad y'' = r^2 e^{rx}.$$

把 y, y', y'' 代入方程(1), 得

$$(r^2 + pr + q)e^{rx} = 0.$$

由于 $e^{rx} \neq 0$, 所以

$$r^2 + pr + q = 0. \tag{2}$$

由此可见, 只要 r 满足代数方程(2), 函数 $y = e^{rx}$ 就是微分方程(1)的解.

定义 2 我们把代数方程 $r^2 + pr + q = 0$ 叫作微分方程 $y'' + py' + qy = 0$ 的**特征方程**. 特征方程的根称为**特征根**.

特征方程的两个根 r_1, r_2 可用公式

$$r_{1,2} = \frac{-p \pm \sqrt{p^2 - 4q}}{2}$$

求出.

特征方程的根与通解的关系：

(1) 特征方程有两个不相等的实根 r_1, r_2 时,函数 $y_1 = e^{r_1 x}$, $y_2 = e^{r_2 x}$ 是二阶常系数齐次线性微分方程的两个线性无关的解.

因为函数 $y_1 = e^{r_1 x}$, $y_2 = e^{r_2 x}$ 是方程的解,又 $\dfrac{y_1}{y_2} = \dfrac{e^{r_1 x}}{e^{r_2 x}} = e^{(r_1 - r_2)x}$ 不是常数,所以 y_1, y_2 线性无关,因此,方程的通解为

$$y = C_1 e^{r_1 x} + C_2 e^{r_2 x}.$$

(2) 特征方程有两个相等的实根 $r_1 = r_2$ 时,函数 $y_1 = e^{r_1 x}$, $y_2 = x e^{r_1 x}$ 是二阶常系数齐次线性微分方程的两个线性无关的解.

因为 $y_1 = e^{r_1 x}$ 是方程的解,又

$$(x e^{r_1 x})'' + p(x e^{r_1 x})' + q(x e^{r_1 x}) = (2r_1 + x r_1^2) e^{r_1 x} + p(1 + x r_1) e^{r_1 x} + q x e^{r_1 x}$$
$$= e^{r_1 x}(2r_1 + p) + x e^{r_1 x}(r_1^2 + p r_1 + q) = 0,$$

所以 $y_2 = x e^{r_1 x}$ 也是方程的解,且 $\dfrac{y_2}{y_1} = \dfrac{x e^{r_1 x}}{e^{r_1 x}} = x$ 不是常数,y_1, y_2 线性无关,因此,方程的通解为

$$y = C_1 e^{r_1 x} + C_2 x e^{r_1 x} = (C_1 + C_2 x) e^{r_1 x}.$$

(3) 特征方程有一对共轭复根 $r_{1,2} = \alpha \pm i\beta$ 时,函数 $y_3 = e^{(\alpha + i\beta)x}$, $y_4 = e^{(\alpha - i\beta)x}$ 是微分方程的两个线性无关的复数形式的解,此时,可以证明函数 $y_1 = e^{\alpha x}\cos\beta x$, $y_2 = e^{\alpha x}\sin\beta x$ 是微分方程的两个线性无关的实数形式的解.

函数 $y_1 = e^{(\alpha + i\beta)x}$ 和 $y_2 = e^{(\alpha - i\beta)x}$ 都是方程的解,而由欧拉公式,得

$$y_3 = e^{(\alpha + i\beta)x} = e^{\alpha x}(\cos\beta x + i\sin\beta x),$$
$$y_4 = e^{(\alpha - i\beta)x} = e^{\alpha x}(\cos\beta x - i\sin\beta x),$$
$$y_3 + y_4 = 2 e^{\alpha x}\cos\beta x,\quad e^{\alpha x}\cos\beta x = \frac{1}{2}(y_3 + y_4),$$
$$y_3 - y_4 = 2i e^{\alpha x}\sin\beta x,\quad e^{\alpha x}\sin\beta x = \frac{1}{2i}(y_3 - y_4).$$

故 $y_1 = e^{\alpha x}\cos\beta x$, $y_2 = e^{\alpha x}\sin\beta x$ 也是方程解.可以验证,$y_1 = e^{\alpha x}\cos\beta x$, $y_2 = e^{\alpha x}\sin\beta x$ 是方程的线性无关解,因此,方程的通解为

$$y = e^{\alpha x}(C_1\cos\beta x + C_2\sin\beta x).$$

小结　求二阶常系数齐次线性微分方程 $y'' + p y' + q y = 0$ 的通解的步骤：

第一步　写出微分方程的特征方程 $r^2 + pr + q = 0$；

第二步　求出特征方程的两个根 r_1, r_2；

第三步　根据特征方程的两个根的不同情况,写出微分方程的通解.

例1 求微分方程 $y''-2y'-3y=0$ 的通解.

解 所给微分方程的特征方程为

$$r^2-2r-3=0,$$

即 $(r+1)(r-3)=0$. 其根 $r_1=-1,r_2=3$ 是两个不相等的实根,因此,所求通解为

$$y=C_1e^{-x}+C_2e^{3x}.$$

例2 求方程 $y''+2y'+y=0$ 满足初始条件 $y\big|_{x=0}=4,y'\big|_{x=0}=-2$ 的特解.

解 所给方程的特征方程为

$$r^2+2r+1=0,$$

即 $(r+1)^2=0$. 其根 $r_1=r_2=-1$ 是两个相等的实根,因此,所给微分方程的通解为

$$y=(C_1+C_2x)e^{-x}.$$

将条件 $y\big|_{x=0}=4$ 代入通解,得 $C_1=4$,从而

$$y=(4+C_2x)e^{-x},$$

将上式对 x 求导,得

$$y'=(C_2-4-C_2x)e^{-x},$$

再把条件 $y'\big|_{x=0}=-2$ 代入上式,得 $C_2=2$,于是所求特解为

$$y=(4+2x)e^{-x}.$$

例3 求微分方程 $y''-2y'+5y=0$ 的通解.

解 所给方程的特征方程为

$$r^2-2r+5=0,$$

特征方程的根为 $r_1=1+2i,r_2=1-2i$,是一对共轭复根,因此所求通解为

$$y=e^x(C_1\cos2x+C_2\sin2x).$$

习题 6-6

1. 求下列微分方程的通解:

(1) $y''+y'-2y=0$;　　　　　　　(2) $y''-4y'=0$;

(3) $y''+y=0$;　　　　　　　　　(4) $y''+6y'+13y=0$;

(5) $4\dfrac{d^2x}{dt^2}-20\dfrac{dx}{dt}+25x=0$;　　　(6) $y''-4y'+5y=0$.

2. 求下列微分方程满足所给初始条件的特解:

(1) $y''-4y'+3y=0,y\big|_{x=0}=6,y'\big|_{x=0}=10$;

(2) $4y''+4y'+y=0$, $y\big|_{x=0}=2$, $y'\big|_{x=0}=0$;

(3) $y''-3y'-4y=0$, $y\big|_{x=0}=0$, $y'\big|_{x=0}=-5$;

(4) $y''+4y'+29y=0$, $y\big|_{x=0}=0$, $y'\big|_{x=0}=15$;

(5) $y''+25y=0$, $y\big|_{x=0}=2$, $y'\big|_{x=0}=5$;

(6) $y''-4y'+13y=0$, $y\big|_{x=0}=0$, $y'\big|_{x=0}=3$.

3. 一个单位质量的质点在数轴上运动,开始时质点在原点 O 处且速度为 v_0. 在运动过程中,它受到一个力的作用,这个力的大小与质点到原点的距离成正比(比例系数 $k_1>0$),而方向与初速一致,又介质的阻力与速度成正比(比例系数 $k_2>0$). 求质点的运动规律.

第七节　二阶常系数非齐次线性微分方程

定义　微分方程

$$y''+py'+qy=f(x) \tag{1}$$

称为**二阶常系数非齐次线性微分方程**,称 $f(x)$ 为**非齐次项**或右端项,其中 p,q 均为常数. 而方程

$$y''+py'+qy=0 \tag{2}$$

称为非齐次方程(1)所对应的齐次方程.

为解方程(1),我们先讨论它的解的性质.

定理 1　设 $y=y^*(x)$ 是二阶常系数非齐次线性微分方程(1)的一个特解,$Y(x)$ 是方程(1)对应的齐次方程(2)的通解,则

$$y=Y(x)+y^*(x)$$

是方程(1)的通解.

证明　将 $y=Y(x)+y^*(x)$ 代入方程(1)的左端,得

$$[Y(x)+y^*(x)]''+p[Y(x)+y^*(x)]'+q[Y(x)+y^*(x)]$$
$$=[Y''+pY'+qY]+[y^{*''}+py^{*'}+qy^*]=0+f(x)=f(x).$$

所以 $y=Y(x)+y^*(x)$ 是非齐次方程(1)的解. 又因为 $Y(x)$ 是方程(2)的通解,故 $Y(x)$ 中包含两个任意常数. 所以 $y=Y(x)+y^*(x)$ 是二阶方程(1)的包含两个任意常数的解,即是方程(1)的通解.

定理 1 告诉我们:二阶常系数非齐次线性微分方程的通解是对应的齐次方程的通解 $y=Y(x)$ 与非齐次方程本身的一个特解 $y=y^*(x)$ 之和,即 $y=Y(x)+y^*(x)$.

例如,$Y=C_1\cos x+C_2\sin x$ 是齐次方程 $y''+y=0$ 的通解,$y^*=x^2-2$ 是 $y''+y=x^2$ 的一个特解,因此,$y=C_1\cos x+C_2\sin x+x^2-2$ 是方程 $y''+y=x^2$ 的通解.

定理 2(叠加原理)　设二阶常系数非齐次线性微分方程(1)的右端 $f(x)$ 可以表示为

几个函数之和，如

$$y'' + py' + qy = f_1(x) + f_2(x),$$

而 $y_1^*(x)$ 与 $y_2^*(x)$ 分别是方程

$$y'' + py' + qy = f_1(x) \quad 与 \quad y'' + py' + qy = f_2(x)$$

的解，则 $y_1^*(x) + y_2^*(x)$ 是方程 $y'' + py' + qy = f_1(x) + f_2(x)$ 的解.

证明 将 $y_1^*(x) + y_2^*(x)$ 代入 $y'' + py' + qy = f_1(x) + f_2(x)$ 的左侧，得

$$(y_1^* + y_2^*)'' + p(y_1^* + y_2^*)' + q(y_1^* + y_2^*)$$
$$= (y_1^{*''} + py_1^{*'} + qy_1^*) + (y_2^{*''} + py_2^{*'} + qy_2^*)$$
$$= f_1(x) + f_2(x),$$

故 $y_1^*(x) + y_2^*(x)$ 是方程 $y'' + py' + qy = f_1(x) + f_2(x)$ 的解.

求方程(2)的通解在上一节已经解决. 下面我们只介绍当非齐次项 $f(x)$ 取两种特殊形式时，如何求方程(1)的一个特解 $y^*(x)$ 的方法，这种方法称为**待定系数法**. 所谓待定系数法是通过对微分方程的分析，给出特解 $y^*(x)$ 的形式，然后代到方程中去，确定解的待定常数. 这里所取的 $f(x)$ 的两种形式是：

(1) $f(x) = P_m(x)e^{\lambda x}$，其中 λ 是常数，$P_m(x)$ 是 x 的一个 m 次多项式：

$$P_m(x) = a_0 x^m + a_1 x^{m-1} + \cdots + a_{m-1}x + a_m;$$

(2) $f(x) = e^{\lambda x}[P_l(x)\cos\omega x + P_n(x)\sin\omega x]$，其中 λ, ω 是常数，$P_l(x), P_n(x)$ 分别是 x 的 l 次，n 次多项式，其中一个可为零.

1. $f(x) = P_m(x)e^{\lambda x}$ 型

我们来考虑怎样的函数可能满足(1). 因为 $f(x)$ 是多项式 $P_m(x)$ 与指数函数 $e^{\lambda x}$ 的乘积，而多项式与指数函数的乘积之导数仍然是同一类型的函数，因此，我们推测 $y^* = Q(x)e^{\lambda x}$（其中 $Q(x)$ 是某个多项式）可能是方程(1)的特解. 因此，不妨设特解形式为 $y^* = Q(x)e^{\lambda x}$，将其代入方程(1)，得等式

$$Q''(x) + (2\lambda + p)Q'(x) + (\lambda^2 + p\lambda + q)Q(x) = P_m(x).$$

(1) 如果 λ 不是特征方程 $r^2 + pr + q = 0$ 的根，则 $\lambda^2 + p\lambda + q \neq 0$. 要使上式成立，$Q(x)$ 应设为 m 次多项式

$$Q_m(x) = b_0 x^m + b_1 x^{m-1} + \cdots + b_{m-1}x + b_m,$$

通过比较等式两边同次项系数，可确定 $b_0, b_1, \cdots, b_m$，并得所求特解

$$y^* = Q_m(x)e^{\lambda x}.$$

(2) 如果 λ 是特征方程 $r^2 + pr + q = 0$ 的单根，则 $\lambda^2 + p\lambda + q = 0$，但 $2\lambda + p \neq 0$，要使等式

$$Q''(x) + (2\lambda + p)Q'(x) + (\lambda^2 + p\lambda + q)Q(x) = P_m(x)$$

成立，$Q(x)$ 应设为 $m+1$ 次多项式

$$Q(x) = xQ_m(x),$$

$$Q_m(x)=b_0x^m+b_1x^{m-1}+\cdots+b_{m-1}x+b_m,$$

通过比较等式两边同次项系数,可确定 $b_0,b_1,\cdots,b_m$,并得所求特解

$$y^*=xQ_m(x)\mathrm{e}^{\lambda x}.$$

(3) 如果 λ 是特征方程 $r^2+pr+q=0$ 的二重根,则 $\lambda^2+p\lambda+q=0,2\lambda+p=0$,要使等式

$$Q''(x)+(2\lambda+p)Q'(x)+(\lambda^2+p\lambda+q)Q(x)=P_m(x)$$

成立,$Q(x)$ 应设为 $m+2$ 次多项式

$$Q(x)=x^2Q_m(x),$$

$$Q_m(x)=b_0x^m+b_1x^{m-1}+\cdots+b_{m-1}x+b_m,$$

通过比较等式两边同次项系数,可确定 $b_0,b_1,\cdots,b_m$,并得所求特解

$$y^*=x^2Q_m(x)\mathrm{e}^{\lambda x}.$$

综上所述,我们有如下结论:如果 $f(x)=P_m(x)\mathrm{e}^{\lambda x}$,则二阶常系数非齐次线性微分方程 $y''+py'+qy=f(x)$ 有形如

$$y^*=x^kQ_m(x)\mathrm{e}^{\lambda x}$$

的特解,其中 $Q_m(x)$ 是与 $P_m(x)$ 同次的多项式,而 k 按 λ 不是特征方程的根,是特征方程的单根或是特征方程的重根依次取为 $0,1$ 或 2.

例1　求微分方程 $y''-2y'-3y=3x+1$ 的一个特解.

解　这是二阶常系数非齐次线性微分方程,且函数 $f(x)$ 是 $P_m(x)\mathrm{e}^{\lambda x}$ 型(其中 $P_m(x)=3x+1,\lambda=0$).

所给方程对应的齐次方程为

$$y''-2y'-3y=0,$$

它的特征方程为

$$r^2-2r-3=0.$$

由于这里 $\lambda=0$ 不是特征方程的根,所以应设特解为

$$y^*=b_0x+b_1,$$

把它代入所给方程,得

$$-3b_0x-2b_0-3b_1=3x+1,$$

比较两端 x 同次幂的系数,得

$$\begin{cases}-3b_0=3\\-2b_0-3b_1=1\end{cases}.$$

由此求得 $b_0=-1,b_1=\dfrac{1}{3}$,于是求得所给方程的一个特解为 $y^*=-x+\dfrac{1}{3}$.

例2　求微分方程 $y''-5y'+6y=x\mathrm{e}^{2x}$ 的通解.

解 所给方程是二阶常系数非齐次线性微分方程,且 $f(x)$ 是 $P_m(x)e^{\lambda x}$ 型(其中 $P_m(x)=x,\lambda=2$).

所给方程对应的齐次方程为

$$y''-5y'+6y=0.$$

它的特征方程为 $r^2-5r+6=0$,特征方程有两个实根 $r_1=2,r_2=3$,于是所给方程对应的齐次方程的通解为

$$Y=C_1e^{2x}+C_2e^{3x}.$$

由于 $\lambda=2$ 是特征方程的单根,所以应设方程的特解为

$$y^*=x(b_0x+b_1)e^{2x}.$$

把它代入所给方程,得

$$-2b_0x+2b_0-b_1=x.$$

比较两端 x 同次幂的系数,得

$$\begin{cases} -2b_0=1 \\ 2b_0-b_1=0 \end{cases}.$$

由此求得 $b_0=-\dfrac{1}{2},b_1=-1$,于是求得所给方程的一个特解为 $y^*=x\left(-\dfrac{1}{2}x-1\right)e^{2x}$,从而所给方程的通解为

$$y=C_1e^{2x}+C_2e^{3x}-\frac{1}{2}(x^2+2x)e^{2x}.$$

2. $f(x)=e^{\lambda x}[P_l(x)\cos\omega x+P_n(x)\sin\omega x]$ 型

可以证明,这时方程(1)具有形如

$$y^*=x^ke^{\lambda x}[Q_m(x)\cos\omega x+R_m(x)\sin\omega x]$$

的特解,其中 $Q_m(x),R_m(x)$ 是 m 次多项式,$m=\max\{l,n\}$,而 k 按 $\lambda+i\omega$ 不是特征方程的根,或是特征方程的单根依次取为 0 或 1.

证明这里从略.

例 3 求 $y''+y=x\cos 2x$ 的一个特解.

解 这里 $f(x)=x\cos 2x$ 属 $e^{\lambda x}[P_l(x)\cos\omega x+P_n(x)\sin\omega x]$ 型,其中 $\lambda=0,\omega=2,l=1,n=0$.

特征方程为 $r^2+1=0$,由于 $\lambda+i\omega=2i$ 不是特征根,所以应取 $k=0$,而 $m=\max\{1,0\}=1$.故应设特解为

$$y^*=(a_0x+a_1)\cos 2x+(b_0x+b_1)\sin 2x,$$

求导得

$$y^{*'}=(2b_0x+a_0+2b_1)\cos 2x+(-2a_0x+b_0-2a_1)\sin 2x,$$

$$y^{*\prime\prime}=(-4a_0x+4b_0-4a_1)\cos 2x+(-4b_0x-4a_0-4b_1)\sin 2x,$$

代入原方程,得

$$(-3a_0x+4b_0-3a_1)\cos 2x+(-3b_0x-4a_0-3b_1)\sin 2x=x\cos 2x.$$

比较同类项的系数,得

$$\begin{cases}-3a_0=1\\4b_0-3a_1=0\\-3b_0=0\\-4a_0-3b_1=0\end{cases}$$

由此解得 $a_0=-\dfrac{1}{3}$, $a_1=0$, $b_0=0$, $b_1=\dfrac{4}{9}$. 于是求得一个特解为

$$y^*=-\frac{1}{3}x\cos 2x+\frac{4}{9}\sin 2x.$$

习题 6－7

1. 求下列微分方程的通解:

(1) $2y''+y'-y=2\mathrm{e}^x$;

(2) $y''+a^2y=\mathrm{e}^x$;

(3) $2y''+5y'=5x^2-2x-1$;

(4) $y''+3y'+2y=3x\mathrm{e}^{-x}$;

(5) $y''+5y'+4y=3-2x$;

(6) $y''-6y'+9y=(x+1)\mathrm{e}^{3x}$;

(7) $y''+3y'+2y=\mathrm{e}^{-x}\cos x$;

(8) $y''+4y=x\cos x$.

2. 求下列微分方程满足所给初始条件的特解:

(1) $y''-4y'=5$, $y\big|_{x=0}=1$, $y'\big|_{x=0}=0$;

(2) $y''-3y'+2y=5$, $y\big|_{x=0}=1$, $y'\big|_{x=0}=2$;

(3) $y''-10y'+9y=\mathrm{e}^{2x}$, $y\big|_{x=0}=\dfrac{6}{7}$, $y'\big|_{x=0}=\dfrac{33}{7}$;

(4) $y''-y=4x\mathrm{e}^x$, $y\big|_{x=0}=0$, $y'\big|_{x=0}=1$;

(5) $y''+y+\sin 2x=0$, $y\big|_{x=\pi}=1$, $y'\big|_{x=\pi}=1$.

3. 一个质量为 m 的质点从水面由静止开始下沉,所受阻力与下沉速度成正比(比例系数为 k). 求此质点下沉深度 x 与时间 t 的函数关系.

第八节　一阶常系数线性差分方程

一阶常系数线性差分方程的一般形式为

$$y_{t+1}-ay_t=f(t). \tag{1}$$

其中,a 为非零常数,$f(t)$ 为已知函数. 如果 $f(t) \equiv 0$,则方程变为

$$y_{t+1} - ay_t = 0. \tag{2}$$

方程(2)称为一阶常系数线性齐次差分方程. 相应地,当 $f(t)$ 不恒为零时,方程(1)称为一阶常系数线性非齐次差分方程.

对于一阶常系数线性齐次差分方程(2),通常有两种求解方法.

(1) 迭代法。

将齐次方程(2)改写为

$$y_{t+1} = ay_t.$$

若 y_0 已知,则依次得出

$$y_1 = ay_0,$$
$$y_2 = ay_1 = a^2 y_0,$$
$$y_3 = ay_2 = a^3 y_0,$$
$$\cdots\cdots$$
$$y_t = a^t y_0.$$

令 $y_0 = C$ 为任意常数,则齐次方程的通解为 $y_t = Ca^t$.

(2) 特征根法。

由于齐次方程 $y_{t+1} - ay_t = 0$ 等同于 $\Delta y_t + (1-a)y_t = 0$,可以看出 y_t 的形式一定为指数函数. 于是,设 $y_t = \lambda^t (\lambda \neq 0)$,代入方程得:

$$\lambda^{t+1} - a\lambda^t = 0,$$

即

$$\lambda - a = 0. \tag{3}$$

得 $\lambda = a$. 因此,$y_t = a^t$ 是齐次方程的一个解,从而

$$y_t = Ca^t$$

是齐次方程的通解. 称方程(3)为齐次方程(2)的特征方程,而 $\lambda = a$ 为特征根(特征方程的根).

例 1 求差分方程 $y_{t+1} - 3y_t = 0$ 的通解.

解 特征方程为

$$\lambda - 3 = 0.$$

特征根为 $\lambda = 3$,于是原方程的通解为 $\quad y_t = C3^t$.

例 2 求差分方程 $2y_{t+1} + y_t = 0$ 满足初始条件 $y_0 = 3$ 的解.

解 特征方程为

$$2\lambda + 1 = 0.$$

特征根为 $\lambda = -\dfrac{1}{2}$,于是原方程的通解为 $y_t = C\left(-\dfrac{1}{2}\right)^t$.

将初始条件 $y_0 = 3$ 代入,得出 $C = 3$,故所求解为 $y_t = 3\left(-\dfrac{1}{2}\right)^t$.

我们知道一阶线性非齐次微分方程 $y' + P(x)y = Q(x)$ 的通解结构为

$$\text{对应齐次方程的通解} + \text{一个特解}.$$

类似地,可得下列一阶常系数线性非齐次差分方程的结构定理.

定理(结构定理) 若一阶常系数线性非齐次差分方程(1)的一个特解为 y_t^*,Y_t 为其所对应的齐次方程(2)的通解,则非齐次方程(1)的通解为

$$y_t = Y_t + y_t^*.$$

该结构定理表明,若要求非齐次差分方程的通解,则只要求出其对应齐次方程的通解,再找出非齐次方程的一个特解,然后相加即可.

如前所述,对应齐次方程的通解已经解决,因此,非齐次差分方程(1)的解的结构为

$$y_t = Ca^t + y_t^*.$$

现讨论非齐次方程(1)的一个特解 y_t^* 的求法. 当非齐次方程 $y_{t+1} - ay_t = f(t)$ 的右端是下列特殊形式的函数时,可采用待定系数法求出 y_t^*.

1. $f(t) = k$ 型 (k 为非零常数)

此时,方程变为

$$y_{t+1} - ay_t = k.$$

当 $a \neq 1$ 时,设 $y_t^* = A$(待定系数),代入方程得 $A - aA = k$,从而 $A = \dfrac{k}{1-a}$,即 $y_t^* = \dfrac{k}{1-a}$.

当 $a = 1$ 时,设 $y_t^* = At$,代入方程得 $A(t+1) - At = k$,从而 $A = k$,即 $y_t^* = kt$.

2. $f(t) = P_n(t)$ 型 ($P_n(t)$ 为 t 的 n 次多项式)

此时,方程变为

$$y_{t+1} - ay_t = P_n(t).$$

由 $\Delta y_t = y_{t+1} - y_t$,上式可改写为

$$\Delta y_t + (1-a)y_t = P_n(t).$$

设 y_t^* 为其特解,代入上式得

$$\Delta y_t^* + (1-a)y_t^* = P_n(t).$$

因为 $P_n(t)$ 为多项式,因此,y_t^* 也应该为多项式. 显然,当 y_t^* 为 t 次多项式时,Δy_t^* 为 $(t-1)$ 次多项式. 以下分两种情况讨论:

(1)当 $a \neq 1$ 时,则 y_t^* 必为 n 次多项式,于是可设

$$y_t^* = A_0 + A_1 t + \cdots + A_n t^n,$$

代入原方程确定常数.

(2)当 $a = 1$ 时,有 $\Delta y_t^* = P_n(t)$,则 y_t^* 必为 $n+1$ 次多项式,于是可设

$$y_t^* = t(A_0 + A_1 t + \cdots + A_n t^n),$$

代入原方程确定常数.

例3 求差分方程 $y_{t+1} - 3y_t = -4$ 的通解.

解 由于 $a = 3, k = -4$,令 $y_t^* = A$(待定系数),代入方程得 $A - 3A = -4$,从而 $A = 2$,即 $y_t^* = 2$,故原方程的通解为

$$y_t = C3^t + 2.$$

例4 求差分方程 $y_{t+1} - 2y_t = t^2$ 的通解.

解 设 $y_t^* = A_0 + A_1 t + A_2 t^2$ 为原方程的解,将 y_t^* 代入原方程并整理,可得

$$(-A_0 + A_1 + A_2) + (-A_1 + 2A_2)t - A_2 t^2 = t^2.$$

比较同次幂系数得

$$A_0 = -3, A_1 = -2, A_2 = -1.$$

从而

$$y_t^* = -(3 + 2t + t^2).$$

故原方程的通解为

$$y_t = -(3 + 2t + t^2) + C2^t.$$

3. $f(t) = k \cdot b^t$ 型 (k, b 为非零常数且 $b \neq 1$)

试设 $y_t^* = Ab^t$ 代入原方程得

$$Ab^{t+1} - aAb^t = kb^t.$$

约去 b^t 得到 $\qquad A(b - a) = k.$

因此,当 $a \neq b$ 时,令 $y_t^* = Ab^t$,解得 $A = \dfrac{k}{b-a}$,从而 $y_t^* = \dfrac{k}{b-a}b^t$.

当 $a = b$ 时,令 $y_t^* = Atb^t$,解得 $A = \dfrac{k}{b}$,从而 $y_t^* = ktb^{t-1}$.

例5 求差分方程 $y_{t+1} - 3y_t = 3 \cdot 2^t$ 在初始条件 $y_0 = 5$ 时的特解.

解 由 $a = 3, k = 3, b = 2$,令原方程有一个特解为 $y_t^* = A \cdot 2^t$,解得 $A = \dfrac{3}{2-3} = -3$.

于是原方程的通解为

$$y_t = -3 \cdot 2^t + C3^t.$$

将 $y_0 = 5$ 代入上式,得 $C = 8$.故所求原方程的特解为

$$y_t = -3 \cdot 2^t + 8 \cdot 3^t.$$

4. $f(t) = t^n \cdot b^t$ 型 (n 为正整数,b 为非零常数且 $b \neq 1$)

从以上讨论易知:

当 $a \neq b$ 时,可设 $y_t^* = (A_0 + A_1 t + \cdots + A_n t^n)b^t$.

当 $a = b$ 时,可设 $y_t^* = t(A_0 + A_1 t + \cdots + A_n t^n)b^t$.

代入原方程确定常数.

例 6 求差分方程 $y_{t+1}-3y_t=t\cdot 2^t$ 的通解.

解 显然原方程对应的齐次方程的通解为 $y_t=C3^t$.

由 $a=3,b=2$,可设原方程有一特解为 $y_t^*=(A_0+A_1t)2^t$,代入原方程:

$$[A_0+A_1(t+1)]2^{t+1}-3(A_0+A_1t)2^t=t2^t,$$

即

$$-A_0+2A_1-A_1t=t.$$

解得

$$A_0=-2,A_1=-1.$$

故原方程的通解为

$$y_t=-(2+t)2^t+C3^t.$$

> **注意** 若 $f(t)$ 由形如以上特殊类型的线性组合时,其特解也可由这几种相应的特解形式组合而成.

例 7 求差分方程 $y_{t+1}-y_t=3^t+2$ 的通解.

解 由 $a=1$ 可知,对应的齐次方程的通解为 $y_t=C$.

设 $f_1(t)=3^t,f_2(t)=2$,则 $f(t)=f_1(t)+f_2(t)$.

对于 $f_1(t)=3^t$,因 $a=1\neq 3$,可令 $y_{t_1}^*=A3^t$;对于 $f_2(t)=2$,因 $a=1$,可令 $y_{t_2}^*=Bt$.故原方程的特解可设为 $y_t^*=A3^t+Bt$,代入原方程,得

$$A\cdot 3^{t+1}+B(t+1)-A\cdot 3^t-Bt=3^t+2,$$

即

$$2A\cdot 3^t+B=3^t+2.$$

解得

$$A=\frac{1}{2},B=2,$$

于是 $y_t^*=\dfrac{3^t}{2}+2t$,故所求通解为

$$y_t=C+\frac{3^t}{2}+2t.$$

习题 6-8

1. 求下列一阶常系数线性齐次差分方程的通解:

(1) $y_{t+1}-2y_t=0$；　　　　　　　(2) $y_{t+1}+3y_t=0$；

(3) $3y_{t+1}-2y_t=0$.

2. 求下列差分方程在给定初始条件下的特解:

(1) $y_{t+1}-3y_t=0$,且 $y_0=3$；　　(2) $y_{t+1}+y_t=0$,且 $y_0=-2$.

3. 求下列一阶常系数线性非齐次差分方程的通解:

(1) $y_{t+1}+2y_t=3$；　　　　　　　(2) $y_{t+1}-y_t=-3$；

(3) $y_{t+1}-2y_t=3t^2$；　(4) $y_{t+1}-y_t=t+1$；

(5) $y_{t+1}-\dfrac{1}{2}y_t=\left(\dfrac{5}{2}\right)^t$；　(6) $y_{t+1}+2y_t=t^2+4^t$.

4. 求下列差分方程在给定初始条件下的特解：

(1) $y_{t+1}-y_t=3+2t$，且 $y_0=5$；　(2) $2y_{t+1}+y_t=3+t$，且 $y_0=1$；

(3) $y_{t+1}-y_t=2^t-1$，且 $y_0=2$.

复习题 6

一、选择题

1. 一阶线性非齐次微分方程 $y'=P(x)y+Q(x)$ 的通解是（　）.

A. $y=\mathrm{e}^{-\int P(x)\mathrm{d}x}\left[\int Q(x)\mathrm{e}^{\int P(x)\mathrm{d}x}\mathrm{d}x+C\right]$

B. $y=\mathrm{e}^{-\int P(x)\mathrm{d}x}\left[\int Q(x)\mathrm{e}^{\int P(x)\mathrm{d}x}\mathrm{d}x\right]$

C. $y=\mathrm{e}^{\int P(x)\mathrm{d}x}\left[\int Q(x)\mathrm{e}^{-\int P(x)\mathrm{d}x}\mathrm{d}x+C\right]$

D. $y=C\cdot\mathrm{e}^{-\int P(x)\mathrm{d}x}$

2. 方程 $xy'=\sqrt{x^2+y^2}+y$ 是（　）.

A. 齐次方程　　　　　　B. 一阶线性方程

C. 伯努利方程　　　　　D. 可分离变量方程

3. 方程 $y'''+y'=0$ 的通解是（　）.

A. $y=\sin x-\cos x+C_1$　　B. $y=C_1\sin x-C_2\cos x+C_3$

C. $y=\sin x+\cos x+C_1$　　D. $y=\sin x-C_1$

4. 若方程 $x^2y''+xy'-y=0$ 的一个特解为 $y=x$，则方程的通解为（　）.

A. $y=C_1x+C_2x^2$　　　　B. $y=C_1x+C_2\cdot\dfrac{1}{x}$

C. $y=C_1x+C_2\mathrm{e}^x$　　　　D. $y=C_1x+C_2\mathrm{e}^{-x}$

5. 方程 $y''-3y'+2y=\mathrm{e}^x\cos2x$ 的一个特解形式是（　）.

A. $y=A_1\mathrm{e}^x\cos2x$

B. $y=A_1x\mathrm{e}^x\cos2x+B_1x\mathrm{e}^x\sin2x$

C. $y=A_1\mathrm{e}^x\cos2x+B_1\mathrm{e}^x\sin2x$

D. $y=A_1x^2\mathrm{e}^x\cos2x+B_1x^2\mathrm{e}^x\sin2x$

二、填空题

1. 差分方程 $y_{t+1}+y_t=t\cdot2t$ 的通解为_____.

2. 数列 $y_n=\dfrac{2n-1}{2^n}$ 的一阶差分为_____，二阶差分为_____.

3. 差分方程 $y_{t+1}-y_t=2t+1$ 满足条件 $y_0=1$ 的特解为_____.

三、求下列微分方程的通解

1. $\dfrac{\mathrm{d}y}{\mathrm{d}x}+\dfrac{x}{x+y}=0$.　　**2.** $\dfrac{\mathrm{d}y}{\mathrm{d}x}=(x+y)^2$.

四、求下列微分方程满足所给初始条件的特解

1. $xy' + x + \sin(x+y) = 0, x = \dfrac{\pi}{2}$ 时，$y = 0$.

2. $y'' + 2y' + y = \cos x, x = 0$ 时，$y = 0, y' = \dfrac{3}{2}$.

五、已知某曲线经过点 $(1,1)$，它的切线在纵轴上的截距等于切点的横坐标，求它的方程.

六、某类商品的需求量 Q 对价格 P 的弹性为 $-\dfrac{5P+2P^2}{Q}$，又已知 $P = 10$ 时，$Q = 500$，求需求量 Q 对价格 P 的函数关系.

第七章　空间解析几何

本章介绍空间解析几何与向量,其主要内容包括平面和直线方程,一些常用的空间曲线和曲面的方程以及关于它们的某些基本问题,这些方程的建立和问题的解决是以向量为工具的. 正像平面解析几何的知识对学习一元函数微积分是不可缺少的一样,本章的内容对以后学习多元函数的微分学和积分学将起到重要作用.

第一节　空间直角坐标系　向量的坐标

本节将建立空间的点及向量与有序数组的对应关系,引进研究向量代数的方法,从而建立代数方法与几何直观的联系.

一、空间直角坐标系

在平面解析几何中,应用平面直角坐标系,将平面上的点 P 与有序实数对 (x,y) 建立一一对应关系,由此平面曲线与方程建立了一一对应关系.为了建立空间图形与方程的联系,我们需要建立空间的点与有序数组间的一一对应关系. 这种对应关系是通过建立空间直角坐标系来实现的.

在空间任意取一定点 O,过点 O 作三条互相垂直的数轴,它们都以 O 为原点,且一般具有相同的长度单位. 这三条数轴分别称为 x 轴(横轴)、y 轴(纵轴)与 z 轴(竖轴),统称为坐标轴. 三个坐标轴正向构成右手系,即用右手握着 z 轴,当右手四指从 x 轴正向以 $\frac{\pi}{2}$ 的角度转向 y 轴正向时,大拇指的指向就是 z 轴的正向,如图 7-1 所示.这样的三条坐标轴就构成了空间直角坐标系,点 O 称为坐标原点.

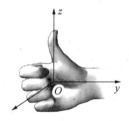

图 7-1

在空间直角坐标系中,任意两条坐标轴所确定的平面称为坐标面. 例如,由 x 轴和 y 轴所确定的坐标面称为 xOy 平面. 类似地还有 yOz 平面和 zOx 平面. 三个坐标面把空间分为八个部分,每一部分称为一个**卦限**,其顺序规定如图 7-2 所示.

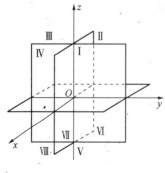

图 7-2

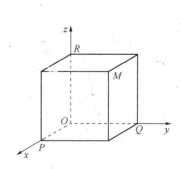

图 7-3

设 M 为空间直角坐标系中的任一点,过 M 作三个平面分别垂直于 x 轴、y 轴和 z 轴,它们的交点分别为 P,Q 和 R.这三点在 x 轴、y 轴和 z 轴上的坐标分别为 x,y 和 z.于是空间一点 M 就唯一确定了一组有序数 x,y,z,如图 7-3 所示.反之,对任意一组有序实数 x,y,z,可依次在 x 轴、y 轴和 z 轴上分别取坐标为 x,y 和 z 的点 P,Q,R,过 P,Q,R 分别作垂直于 x 轴、y 轴和 z 轴的平面,这三个平面相交于唯一的一点 M,可见任何一组有序实数 x,y 和 z 唯一确定空间一点 M.所以通过空间直角坐标系,我们就建立了空间的点 M 与一组有序实数 x,y 和 z 之间的一一对应关系,称 x,y 和 z 为 M 的坐标,通常记为 $M(x,y,z)$.x,y 和 z 依次称为点 M 的**横坐标**、**纵坐标和竖坐标**.

坐标轴上和坐标面上的点,其坐标各有一定的特征.若点 $M(x,y,z)$ 在 x 轴上,则 $y=z=0$;在 y 轴上,则 $x=z=0$;在 z 轴上,则 $x=y=0$.若点 $M(x,y,z)$ 在 xOy 平面上,则 $z=0$;在 yOz 平面上,则 $x=0$;在 zOx 平面上,则 $y=0$.

二、空间两点间的距离

设 $M_1(x_1,y_1,z_1),M_2(x_2,y_2,z_2)$ 为空间两点,我们可以用这两点的坐标来表示它们之间的距离 d.

过 M_1,M_2 各作三个分别垂直于三条坐标轴的平面.这六个平面围成一个以 M_1M_2 为对角线的长方体(如图 7-4),依据勾股定理容易推得长方体的对角线的长度的平方等于它的三条棱的长度的平方和,即

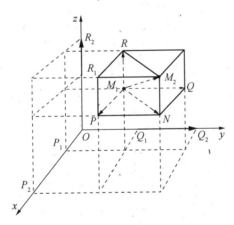

图 7-4

$$d^2 = |M_1M_2|^2 = |M_1N|^2 + |NM_2|^2$$
$$= |M_1P|^2 + |M_1Q|^2 + |M_1R|^2$$
$$= |P_1P_2|^2 + |Q_1Q_2|^2 + |R_1R_2|^2$$
$$= |x_2-x_1|^2 + |y_2-y_1|^2 + |z_2-z_1|^2,$$

所以
$$d = \sqrt{(x_2-x_1)^2 + (y_2-y_1)^2 + (z_2-z_1)^2}.$$

这就是空间两点间的距离公式.

特别地,点 (x,y,z) 与坐标原点 $O(0,0,0)$ 的距离为

$$d=\sqrt{x^2+y^2+z^2}.$$

例1 设 P 在 x 轴上,它到 $P_1(0,\sqrt{2},3)$ 的距离为它到 $P_2(0,1,-1)$ 的距离的两倍,求点 P 的坐标.

解 因为 P 在 x 轴上,故可设 P 点坐标为 $(x,0,0)$,由于

$$|PP_1|=\sqrt{x^2+(\sqrt{2})^2+3^2}=\sqrt{x^2+11},$$

$$|PP_2|=\sqrt{x^2+(-1)^2+1^2}=\sqrt{x^2+2},$$

$$|PP_1|=2|PP_2|, \text{即}\sqrt{x^2+11}=2\sqrt{x^2+2}.$$

从而得 $x=\pm1$. 所求点为 $(1,0,0),(-1,0,0)$.

三、向量的概念

在自然科学和工程技术中经常遇到的量大致可分两大类:其中的一类是只有大小的量,例如,长度、质量、温度、距离、体积等,这一类量叫作数量(或标量);另一类是既有大小又有方向的量,例如,力、位移、速度、电场强度等,这一类量叫作向量(或矢量).

在数学上,常用有向线段表示向量,有向线段的长度表示向量的大小,有向线段的方向表示向量的方向.以 M 为起点,N 为终点的有向线段表示的向量,记作 $\overrightarrow{MN}$,如图 7-5 所示,印刷时也用小写黑体字母表示向量,比如 $\boldsymbol{a},\boldsymbol{b},\boldsymbol{c}$ 等.

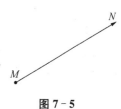

图 7-5

向量 $\boldsymbol{a}$ 的大小叫作向量的模(或向量的长度),记为 $|\boldsymbol{a}|$.模为 1 的向量叫作单位向量,模为零的向量叫作零向量,记为 $\boldsymbol{0}$,零向量没有确定的方向,也可以认为其方向是任意的.

在许多实际问题中,有些向量与其始点有关,有些向量与始点无关,在数学上我们仅讨论与始点无关的向量,这种向量称为自由向量,如果两个向量 $\boldsymbol{a}$ 与 $\boldsymbol{b}$ 的模相等,且方向相同,则称这两个向量相等,记为 $\boldsymbol{a}=\boldsymbol{b}$,即向量在空间经过平行移动后所得的向量与原向量是相等的.这样,今后如有必要,就可以把几个向量移到同一个起点.

四、向量的线性运算

下面分别介绍向量的加法、减法以及数与向量的乘法运算.

1. 向量的加法

由力学知道,如果有两个力 F_1 和 F_2 作用在同一质点上,那么它们的合力 F 可按平行四边形法则求得.仿此,对向量的加法定义如下:

定义1 把两个向量 $\boldsymbol{a}$ 和 $\boldsymbol{b}$ 的起点放在一起,以 $\boldsymbol{a},\boldsymbol{b}$ 为邻边作平行四边形,那么从起点到平行四边形的对角顶点的向量称为向量 $\boldsymbol{a}$ 与 $\boldsymbol{b}$ 的和,记作 $\boldsymbol{a}+\boldsymbol{b}$(如图 7-6).

这种求向量和的方法称为平行四边形法则.由于向量可以平行移动,所以如果使 $\boldsymbol{b}$ 平行移动,使其起点与 $\boldsymbol{a}$ 的终点重合,那么从 $\boldsymbol{a}$ 的起点到 $\boldsymbol{b}$ 的终点的向量即为 $\boldsymbol{a}$ 与 $\boldsymbol{b}$ 的和,这种求和方法称为向量加法的三角形法则(如图 7-7).

3 个或 3 个以上向量相加时,只要将前一向量的终点作为下一向量的起点,直至最后一个向量,那么从第一个向量的起点 O 到最后一个向量的终点 M 所作的向量 $\overrightarrow{OM}$ 就是这些向

量的和(如图 7-8).

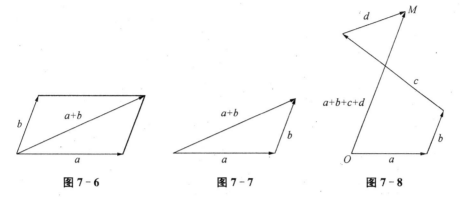

图 7-6   图 7-7   图 7-8

2. 向量与数的乘法

定义 2 设 λ 为一实数,a 为向量,引入一个新的向量,记为 λa. 规定向量 λa 的模等于 $|a|$ 与数 $|\lambda|$ 的乘积,即 $|\lambda a| = |\lambda||a|$;当 $\lambda > 0$ 时,λa 与 a 同方向;当 $\lambda < 0$ 时,λa 与 a 反方向;当 $\lambda = 0$ 时,λa 为零向量,方向任意,则称向量 λa 为向量 a 与数 λ 的乘积.

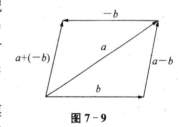

图 7-9

当 $\lambda = -1$ 时,记 $(-1)a = -a$,那么 $-a$ 与 a 方向相反,模相等,称 $-a$ 为 a 的负向量. 有了负向量的概念后,我们可以定义向量的减法为(如图 7-9)

$$a - b = a + (-b).$$

向量的加法与数乘满足以下规律:

(1) 交换律:$a + b = b + a$;

(2) 结合律:$(a + b) + c = a + (b + c)$,

$$\lambda(\mu a) = (\lambda\mu)a = \mu(\lambda a);$$

(3) 分配律:$(\lambda + \mu)a = \lambda a + \mu a$,

$$\lambda(a + b) = \lambda a + \lambda b.$$

从数与向量乘法的定义可以看出,两非零向量 a 与 b 平行的充要条件是

$$a = \lambda b \quad (\lambda \neq 0).$$

我们把与非零向量 a 同方向的单位向量称为 a 的单位向量,记作 e_a. 显然有

$$e_a = \frac{a}{|a|} \text{ 或 } a = |a|e_a.$$

例 1 化简 $a - b + 5\left(-\dfrac{1}{2}b + \dfrac{b - 3a}{5}\right)$.

解 $a - b + 5\left(-\dfrac{1}{2}b + \dfrac{b - 3a}{5}\right) = (1 - 3)a + \left(-1 - \dfrac{5}{2} + \dfrac{1}{5} \cdot 5\right)b = -2a - \dfrac{5}{2}b.$

例 2 在平行四边形 $ABCD$ 中,设 $\overrightarrow{AB} = a,\overrightarrow{AD} = b$,试用 a 和 b 表示向量 $\overrightarrow{MA},\overrightarrow{MB},\overrightarrow{MC}$ 和 $\overrightarrow{MD}$,这里 M 是平行四边形对角线的交点(如图 7-10).

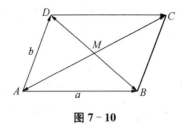

图 7 - 10

解　因为平行四边形的对角线相互平分,所以

$$a+b=\overrightarrow{AC}=2\overrightarrow{AM},\ 即-(a+b)=2\overrightarrow{MA}.$$

故　　　　　$$\overrightarrow{MA}=-\frac{1}{2}(a+b),\overrightarrow{MC}=-\overrightarrow{MA}=\frac{1}{2}(a+b);$$

同理　　　　$$\overrightarrow{MD}=\frac{1}{2}\overrightarrow{BD}=\frac{1}{2}(-a+b),\overrightarrow{MB}=-\overrightarrow{MD}=\frac{1}{2}(a-b).$$

五、向量的坐标表示

前面讨论的向量的各种运算称为几何运算,只能在图形上表示,计算起来不方便,现在我们引入向量的坐标表示,以便将向量的几何运算转化为代数运算.

1. 向径及其坐标表示

起点为坐标原点,终点为空间一点 $M(x,y,z)$ 的向量 $\overrightarrow{OM}$ 称为点 M 的**向径**,如图 7 - 11 所示,记为 $r(M)=\overrightarrow{OM}$.

设 i,j,k 分别为与 Ox 轴,Oy 轴,Oz 轴同向的单位向量,并称它们为**基本单位向量**. 由图 7 - 11 及向量加法,得

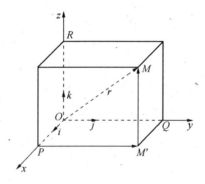

图 7 - 11

$$r(M)=\overrightarrow{OM}=\overrightarrow{OP}+\overrightarrow{PM'}+\overrightarrow{M'M}.$$

又　　　　　　　$$\overrightarrow{OP}=xi,\overrightarrow{PM'}=yj,\overrightarrow{M'M}=zk,$$

所以　　　　　　$$r(M)=\overrightarrow{OM}=xi+yj+zk. \tag{1}$$

或记为　　　　　$$r(M)=\overrightarrow{OM}=\{x,y,z\}. \tag{2}$$

（1）式称为向径$\overrightarrow{OM}$按基本单位向量的**分解式**，$x\boldsymbol{i},y\boldsymbol{j},z\boldsymbol{k}$分别称为$\overrightarrow{OM}$在$x$轴，$y$轴，$z$轴上的**分向量**.（2）式称为$\overrightarrow{OM}$的坐标表示式.$x,y,z$叫作向径$\boldsymbol{r}(M)$的坐标.

2. 向量$\boldsymbol{a}$的坐标表示式

在空间直角坐标系中有以$M_1(x_1,y_1,z_1)$为起点，$M_2(x_2,y_2,z_2)$为终点的向量$\boldsymbol{a}$（如图7-12），则由向量的减法，得

$$\boldsymbol{a}=\overrightarrow{M_1M_2}=\boldsymbol{r}(M_2)-\boldsymbol{r}(M_1),$$

故
$$\begin{aligned}\boldsymbol{a}&=(x_2\boldsymbol{i}+y_2\boldsymbol{j}+z_2\boldsymbol{k})-(x_1\boldsymbol{i}+y_1\boldsymbol{j}+z_1\boldsymbol{k})\\&=(x_2-x_1)\boldsymbol{i}+(y_2-y_1)\boldsymbol{j}+(z_2-z_1)\boldsymbol{k}\\&=a_x\boldsymbol{i}+a_y\boldsymbol{j}+a_z\boldsymbol{k},\qquad(3)\end{aligned}$$

或简记为
$$\boldsymbol{a}=\{a_x,a_y,a_z\},\qquad(4)$$

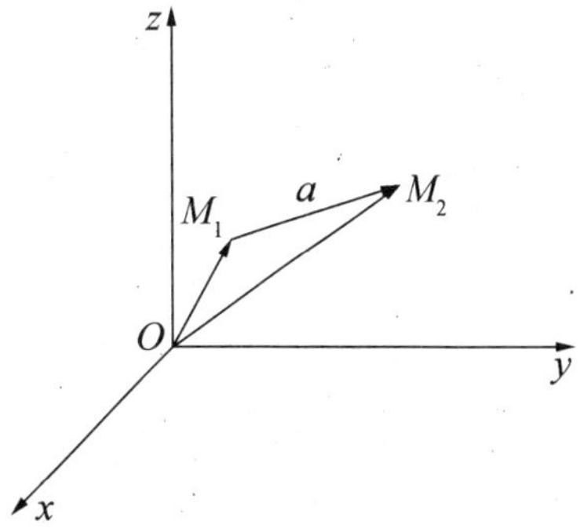

图7-12

其中，$a_x=x_2-x_1,a_y=y_2-y_1,a_z=z_2-z_1$，称（3）式为向量$\boldsymbol{a}$按基本单位向量的**分解式**.$a_x,a_y,a_z$称为$\boldsymbol{a}$在三个坐标轴上的投影.（4）式称为$\boldsymbol{a}$的**坐标表示式**.

例2 设$\boldsymbol{a}=\{3,2,1\},\boldsymbol{b}=\{3,-5,-7\}$，求$\boldsymbol{a}-\boldsymbol{b},3\boldsymbol{a}$.

解 $\begin{aligned}\boldsymbol{a}-\boldsymbol{b}&=(3\boldsymbol{i}+2\boldsymbol{j}+\boldsymbol{k})-(3\boldsymbol{i}-5\boldsymbol{j}-7\boldsymbol{k})\\&=(3-3)\boldsymbol{i}+[2-(-5)]\boldsymbol{j}+[1-(-7)]\boldsymbol{k}\\&=7\boldsymbol{j}+8\boldsymbol{k}.\end{aligned}$

$\begin{aligned}3\boldsymbol{a}&=3(3\boldsymbol{i}+2\boldsymbol{j}+\boldsymbol{k})\\&=(3\times3)\boldsymbol{i}+(3\times2)\boldsymbol{j}+(3\times1)\boldsymbol{k}\\&=9\boldsymbol{i}+6\boldsymbol{j}+3\boldsymbol{k}.\end{aligned}$

六、向量的模与方向余弦

设点M的坐标为x,y,z，由图7-13得向量$\boldsymbol{r}=\overrightarrow{OM}$的模$|\boldsymbol{r}|=|\overrightarrow{OM}|=\sqrt{|OA|^2+|OB|^2+|OC|^2}$，而$OA=x,OB=y,OC=z$，所以$|\boldsymbol{r}|=\sqrt{x^2+y^2+z^2}$.这里，$x,y,z$既是点$M$的坐标，又是向量$\boldsymbol{r}=\overrightarrow{OM}$的坐标.

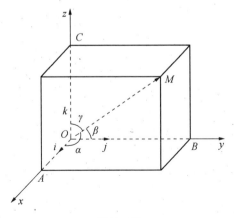

图7-13

一般地,如向量 $a=\{a_x,a_y,a_z\}$,则 $|a|=\sqrt{a_x{}^2+a_y{}^2+a_z{}^2}$. 　　　　(5)

又设 r 与三个坐标轴的夹角分别为 α,β,γ,则 α,β,γ 称为向量 r 的方向角,同时,我们称 $\cos\alpha,\cos\beta,\cos\gamma$ 为向量 r 的方向余弦.

在 $\triangle OAM,\triangle OBM,\triangle OCM$ 中,有

$$\cos\alpha=\frac{x}{|r|}=\frac{x}{\sqrt{x^2+y^2+z^2}},$$

$$\cos\beta=\frac{y}{|r|}=\frac{y}{\sqrt{x^2+y^2+z^2}},$$

$$\cos\gamma=\frac{z}{|r|}=\frac{z}{\sqrt{x^2+y^2+z^2}}.$$

易见 $\cos\alpha,\cos\beta,\cos\gamma$ 满足如下关系式

$$\cos^2\alpha+\cos^2\beta+\cos^2\gamma=1. \tag{6}$$

这就是说,任一向量的方向余弦的平方和等于1.

例3　已知:三力 $F_1=i-2k,F_2=2i-3j+4k,F_3=j+k$ 作用于同一点,求合力的大小及方向余弦.

解　合力为 $F=F_1+F_2+F_3=(i-2k)+(2i-3j+4k)+(j+k)$
$$=3i-2j+3k,$$

所以合力 F 的大小为

$$|F|=\sqrt{3^2+(-2)^2+3^2}=\sqrt{22}.$$

其方向余弦是

$$\cos\alpha=\frac{3}{\sqrt{22}},\cos\beta=\frac{-2}{\sqrt{22}},\cos\gamma=\frac{3}{\sqrt{22}}.$$

例4　已知两点 $A(4,0,5)$ 和 $B(7,1,3)$,求与向量 $\overrightarrow{AB}$ 平行的向量的单位向量 e.

解　所求的向量有两个,一个与 $\overrightarrow{AB}$ 同向,一个与 $\overrightarrow{AB}$ 反向.因为

$$\overrightarrow{AB}=\{7-4,1-0,3-5\}=\{3,1-2\},$$

所以　　　　　　　　$|\overrightarrow{AB}|=\sqrt{3^2+1^2+(-2)^2}=\sqrt{14}.$

故所求向量为

$$e=\pm\frac{\overrightarrow{AB}}{|\overrightarrow{AB}|}=\pm\frac{1}{\sqrt{14}}\{3,1,-2\}.$$

例5　设向量 a 的方向余弦 $\cos\alpha=\frac{1}{3},\cos\beta=\frac{2}{3}$,且 $|a|=3$,求 a.

解　由公式(6)知

$$\cos^2\gamma=1-\cos^2\alpha-\cos^2\beta=1-\frac{1}{9}-\frac{4}{9}=\frac{4}{9},$$

故
$$\cos\gamma = \pm\frac{2}{3}.$$

设向量 a 的坐标为 (a_x, a_y, a_z)，由公式得

$$a_x = |a|\cos\alpha = 3 \times \frac{1}{3} = 1,$$

$$a_y = |a|\cos\beta = 3 \times \frac{2}{3} = 2,$$

$$a_z = |a|\cos\gamma = 3 \times \left(\pm\frac{2}{3}\right) = \pm 2,$$

故
$$a = \{1, 2, 2\} \text{ 或 } a = \{1, 2, -2\}.$$

七、两向量的数量积、向量积

1. 两向量的数量积

由物理学可知，一物体在常力 F 作用下，沿直线从点 M_1 移动到点 M_2，位移为 $s = \overrightarrow{M_1M_2}$，若 F 与 s 的夹角为 θ，则力 F 所做的功为

$$W = |s||F|\cos\theta.$$

从这个问题看到，由两个向量 F 和 s 确定一个数量 $|s||F|\cos\theta$. 在其他实际问题中也会遇到类似的结果，由此可得两个向量的数量积概念.

定义 3 两向量 a 和 b 的模与它们夹角的余弦的乘积称为向量 a 和 b 的数量积，记为 $a \cdot b$，即

$$a \cdot b = |a||b|\cos(\widehat{a,b}),$$

其中 $(\widehat{a,b})$ 表示 a 与 b 间的夹角. 规定 $0 \leqslant (\widehat{a,b}) \leqslant \pi$.

由此定义，在上面常力做功问题中，$W = F \cdot s$.

向量的数量积有以下运算规律：

(1) 交换律：$a \cdot b = b \cdot a$；

(2) 结合律：$\lambda(a \cdot b) = (\lambda a) \cdot b = a \cdot (\lambda b)$；

(3) 分配律：$(a+b) \cdot c = a \cdot c + b \cdot c$.

由数量积的定义还可得如下结果.

(1) $a \cdot a = |a|^2$.

(2) 对两个非零向量 a 和 b，如果 $a \perp b$，则 $a \cdot b = 0$；反之，如果 $a \cdot b = 0$，则 $\cos(\widehat{a,b}) = 0$，得 $a \perp b$，所以两个非零向量 a 和 b 垂直的充要条件是 $a \cdot b = 0$.

(3) 对基本单位向量 i, j, k 有

$$i \cdot i = j \cdot j = k \cdot k = 1,$$
$$i \cdot j = j \cdot k = k \cdot i = 0,$$
$$j \cdot i = k \cdot j = i \cdot k = 0.$$

下面我们来推出两个向量数量积的坐标表示式.

设 $a = a_x i + a_y j + a_z k, b = b_x i + b_y j + b_z k$，按数量积的运算规律，得

$$a \cdot b = (a_x i + a_y j + a_z k) \cdot (b_x i + b_y j + b_z k)$$

$$= a_x i \cdot (b_x i + b_y j + b_z k) + a_y j \cdot (b_x i + b_y j + b_z k) + a_z k \cdot (b_x i + b_y j + b_z k)$$

$$= a_x b_x i \cdot i + a_x b_y i \cdot j + a_x b_z i \cdot k + a_y b_x j \cdot i + a_y b_y j \cdot j + a_y b_z j \cdot k$$

$$+ a_z b_x k \cdot i + a_z b_y k \cdot j + a_z b_z k \cdot k$$

$$= a_x b_x + a_y b_y + a_z b_z.$$

即
$$a \cdot b = a_x b_x + a_y b_y + a_z b_z. \tag{7}$$

这就是数量积的坐标表示式.

当 $a \neq 0, b \neq 0$ 时，由数量积定义，得

$$\cos(\widehat{a,b}) = \frac{a \cdot b}{|a||b|}. \tag{8}$$

从(7)式推出，两个非零向量 a 和 b 垂直的充要条件是

$$a_x b_x + a_y b_y + a_z b_z = 0. \tag{9}$$

例6 设三点 $A(1,1,0), B(2,2,-4), C(1,4,-6)$，求 $\angle ABC$.

解 $\overrightarrow{BA} = \{-1,-1,4\}, \overrightarrow{BC} = \{-1,2,-2\}.$

因为 $\cos(\widehat{\overrightarrow{BA},\overrightarrow{BC}}) = \dfrac{\overrightarrow{BA} \cdot \overrightarrow{BC}}{|\overrightarrow{BA}| \cdot |\overrightarrow{BC}|}$

$$= \frac{(-1)\times(-1)+(-1)\times 2+4\times(-2)}{\sqrt{(-1)^2+(-1)^2+4^2} \cdot \sqrt{(-1)^2+2^2+(-2)^2}} = -\frac{\sqrt{2}}{2},$$

所以 $\angle ABC = \dfrac{3\pi}{4}$.

例7 设有三力大小分别为 3 牛、4 牛和 7 牛，其方向分别与 $a = \{2,1,2\}, b = \{0,0,3\}$, $c = \{0,1,0\}$ 相同，此三力同时作用于一质点，使该质点从点 $A(3,2,-1)$ 位移到 $B(1,3,0)$ （单位：米），求此三力合力所做的功.

解 设三力依次为 F_1, F_2, F_3，按题意有

$$F_1 = |F_1| e_a, F_2 = |F_2| e_b, F_3 = |F_3| e_c,$$

而
$$e_a = \frac{a}{|a|} = \frac{1}{3}(2i+j+2k),$$

$$e_b = \frac{b}{|b|} = \frac{1}{3}(3k) = k,$$

$$e_c = \frac{c}{|c|} = j,$$

故
$$F_1 = 2i+j+2k, F_2 = 4k, F_3 = 7j,$$

合力为
$$F = F_1 + F_2 + F_3 = 2i+8j+6k.$$

又质点的位移向量为

$$\overrightarrow{AB} = -2i+j+k,$$

故
$$W=\overrightarrow{AB} \cdot \boldsymbol{F}=(-2)\times 2+1\times 8+1\times 6=10(焦).$$

2. 两向量的向量积

由物理学可知,力 $\boldsymbol{F}$ 对某中心 O 的力矩是一向量 $\boldsymbol{M}$(如图 7-14),它的模为

$$|\boldsymbol{M}|=|\overrightarrow{OA}||\boldsymbol{F}|\sin\theta,$$

其中 θ 是向量 $\overrightarrow{OA}$ 与力 $\boldsymbol{F}$ 的夹角,向量 $\boldsymbol{M}$ 同时垂直于 $\overrightarrow{OA}$ 和 $\boldsymbol{F}$. 向量 $\boldsymbol{M}$ 的方向使 $\overrightarrow{OA}, \boldsymbol{F}$ 和 $\boldsymbol{M}$ 的正向符合右手规则. 这是两个向量进行运算确定另一向量的实例,由此可抽象出两个向量的向量积概念.

定义 4 两向量 $\boldsymbol{a}$ 与 $\boldsymbol{b}$,按下列方式确定一个向量 $\boldsymbol{c}$,

(1) $|\boldsymbol{c}|=|\boldsymbol{a}||\boldsymbol{b}|\sin(\hat{\boldsymbol{a},\boldsymbol{b}})$ $[0 \leqslant (\hat{\boldsymbol{a},\boldsymbol{b}}) \leqslant \pi]$.

(2) $\boldsymbol{c}$ 垂直于 $\boldsymbol{a}$ 和 $\boldsymbol{b}$,且 $\boldsymbol{a},\boldsymbol{b}$ 和 $\boldsymbol{c}$ 成右手系(如图 7-15),则称向量 $\boldsymbol{c}$ 为向量 $\boldsymbol{a}$ 和 $\boldsymbol{b}$ 的**向量积**,记为 $\boldsymbol{a}\times\boldsymbol{b}$,即 $\boldsymbol{c}=\boldsymbol{a}\times\boldsymbol{b}$.

按上述定义,力 $\boldsymbol{F}$ 对 O 点的力矩 $\boldsymbol{M}$ 可表示为

$$\boldsymbol{M}=\overrightarrow{OA}\times\boldsymbol{F}.$$

两向量 $\boldsymbol{a}$ 和 $\boldsymbol{b}$ 的向量积为一向量,它的模 $|\boldsymbol{a}\times\boldsymbol{b}|$ 在几何上表示以 $\boldsymbol{a},\boldsymbol{b}$ 为邻边的平行四边形的面积(如图 7-16).

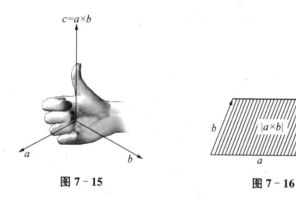

图 7-15   图 7-16

向量积有以下运算规律:

(1) $\boldsymbol{a}\times\boldsymbol{b}=-\boldsymbol{b}\times\boldsymbol{a}$;

(2) $\lambda(\boldsymbol{a}\times\boldsymbol{b})=(\lambda\boldsymbol{a})\times\boldsymbol{b}=\boldsymbol{a}\times(\lambda\boldsymbol{b})$;

(3) $\boldsymbol{a}\times(\boldsymbol{b}+\boldsymbol{c})=\boldsymbol{a}\times\boldsymbol{b}+\boldsymbol{a}\times\boldsymbol{c}$.

从向量积的定义可推出:对于两个非零向量 $\boldsymbol{a}$ 和 $\boldsymbol{b}$,若 $\boldsymbol{a}//\boldsymbol{b}$,则 $\boldsymbol{a}\times\boldsymbol{b}=\boldsymbol{0}$;反之,若 $\boldsymbol{a}\times\boldsymbol{b}=\boldsymbol{0}$,则 $(\hat{\boldsymbol{a},\boldsymbol{b}})=0$ 或 π,即 $\boldsymbol{a}//\boldsymbol{b}$,所以两非零向量 $\boldsymbol{a}$ 和 $\boldsymbol{b}$ 平行的充要条件是

$$\boldsymbol{a}\times\boldsymbol{b}=\boldsymbol{0}. \tag{10}$$

对基本单位向量 $\boldsymbol{i},\boldsymbol{j},\boldsymbol{k}$ 有

$$\boldsymbol{i}\times\boldsymbol{i}=\boldsymbol{j}\times\boldsymbol{j}=\boldsymbol{k}\times\boldsymbol{k}=\boldsymbol{0},$$
$$\boldsymbol{i}\times\boldsymbol{j}=\boldsymbol{k},\boldsymbol{j}\times\boldsymbol{k}=\boldsymbol{i},\boldsymbol{k}\times\boldsymbol{i}=\boldsymbol{j}.$$

下面给出用向量坐标计算向量积的公式.

设 $a=\{a_x,a_y,a_z\}$，$b=\{b_x,b_y,b_z\}$，那么

$$\begin{aligned}
a\times b &=(a_x\boldsymbol{i}+a_y\boldsymbol{j}+a_z\boldsymbol{k})\times(b_x\boldsymbol{i}+b_y\boldsymbol{j}+b_z\boldsymbol{k})\\
&=a_x\boldsymbol{i}\times(b_x\boldsymbol{i}+b_y\boldsymbol{j}+b_z\boldsymbol{k})+a_y\boldsymbol{j}\times(b_x\boldsymbol{i}+b_y\boldsymbol{j}+b_z\boldsymbol{k})\\
&\quad+a_z\boldsymbol{k}\times(b_x\boldsymbol{i}+b_y\boldsymbol{j}+b_z\boldsymbol{k})\\
&=(a_yb_z-a_zb_y)\boldsymbol{i}-(a_xb_z-a_zb_x)\boldsymbol{j}+(a_xb_y-a_yb_x)\boldsymbol{k}.
\end{aligned}$$

为了便于记忆，借用行列式的记号，把上式写成如下形式：

$$a\times b=\begin{vmatrix} \boldsymbol{i} & \boldsymbol{j} & \boldsymbol{k}\\ a_x & a_y & a_z\\ b_x & b_y & b_z \end{vmatrix}. \tag{11}$$

例 8 设 $a=\{1,0,-1\}$，$b=\{0,2,3\}$，计算 $a\times b$.

解
$$\begin{aligned}
a\times b &=\begin{vmatrix} \boldsymbol{i} & \boldsymbol{j} & \boldsymbol{k}\\ 1 & 0 & -1\\ 0 & 2 & 3 \end{vmatrix}\\
&=\begin{vmatrix} 0 & -1\\ 2 & 3 \end{vmatrix}\boldsymbol{i}-\begin{vmatrix} 1 & -1\\ 0 & 3 \end{vmatrix}\boldsymbol{j}+\begin{vmatrix} 1 & 0\\ 0 & 2 \end{vmatrix}\boldsymbol{k}\\
&=2\boldsymbol{i}-3\boldsymbol{j}+2\boldsymbol{k}.
\end{aligned}$$

例 9 求垂直于向量 $a=\{2,-2,3\}$ 和 $b=\{4,0,-6\}$ 的单位向量.

解 因为 $\pm(a\times b)$ 垂直于 a 和 b，而

$$a\times b=\begin{vmatrix} \boldsymbol{i} & \boldsymbol{j} & \boldsymbol{k}\\ 2 & -2 & 3\\ 4 & 0 & -6 \end{vmatrix}=12\boldsymbol{i}+24\boldsymbol{j}+8\boldsymbol{k},$$

故所求单位向量为

$$\pm\frac{a\times b}{|a\times b|}=\pm\frac{12\boldsymbol{i}+24\boldsymbol{j}+8\boldsymbol{k}}{\sqrt{12^2+24^2+8^2}}=\pm\frac{1}{7}(3\boldsymbol{i}+6\boldsymbol{j}+2\boldsymbol{k}).$$

例 10 已知三角形的顶点 $A(1,-1,2)$，$B(3,3,1)$ 和 $C(3,1,3)$，用向量求 $\triangle ABC$ 的面积.

解 $\triangle ABC$ 的面积是以 AB,AC 为邻边的平行四边形面积的一半（如图 7-17）. 由向量积模的几何意义知

$$|\overrightarrow{AB}\times\overrightarrow{AC}|=S_{\square ABCD},$$

故

$$S_{\triangle ABC}=\frac{1}{2}|\overrightarrow{AB}\times\overrightarrow{AC}|.$$

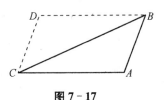

图 7-17

又因

$$\overrightarrow{AB}=\{2,4,-1\},\quad \overrightarrow{AC}=\{2,2,1\},$$

$$\overrightarrow{AB}\times\overrightarrow{AC}=\begin{vmatrix} \boldsymbol{i} & \boldsymbol{j} & \boldsymbol{k}\\ 2 & 4 & -1\\ 2 & 2 & 1 \end{vmatrix}=6\boldsymbol{i}-4\boldsymbol{j}-4\boldsymbol{k}.$$

故
$$S_{\triangle ABC}=\frac{1}{2}\,|\overrightarrow{AB}\times\overrightarrow{AC}|=\frac{1}{2}\sqrt{6^2+(-4)^2+(-4)^2}=\sqrt{17}.$$

习题 7-1

（A）

1. a,b 为非零向量,问下列各式在什么条件下成立?

(1) $|a+b|=|a-b|$;　　　　　　　(2) $|a+b|=|a|+|b|$;

(3) $\dfrac{a}{|a|}=\dfrac{b}{|b|}$.

2. 已知:$a=i+j+5k$,$b=2i-3j+5k$,求与 $a-3b$ 同方向的单位向量.

3. 已知:$a=mi+5j-k$,$b=3i+j+nk$ 平行,求 m,n.

4. 求平行于向量 $a=6i+7j-6k$ 的单位向量.

5. 已知 $M_1(x_1,y_1,z_1)$,$M_2(x_2,y_2,z_2)$,点 M 在线段 M_1M_2 上,且 $\overrightarrow{M_1M}=\lambda\overrightarrow{MM_2}$($\lambda$ 为实数),求点 M 的坐标.当 $\lambda=1$ 时,点 M 位于 $\overrightarrow{M_1M_2}$ 上哪一点?

6. 设两个力 $F_1=2i+2j+6k$,$F_2=2i+4j+2k$ 都作用于点 $M(1,-2,3)$ 处,且点 $N(p,q,19)$ 在合力作用线上,求 p,q 的值.

7. 已知:两点 $M_1(4,\sqrt{2},1)$,$M_2(3,0,2)$,求向量 $\overrightarrow{M_1M_2}$ 的模、方向余弦、方向角.

8. 已知向量 a 的起点为 $(2,0,-1)$,$|a|=3$,a 的方向余弦 $\cos\alpha=\dfrac{1}{2}$,$\cos\beta=\dfrac{1}{2}$,试求 a 的坐标表示式及它的终点.

9. (1)已知:向量 $a=\{3,-1,2\}$,它的起点为 $(2,0,-5)$,求它的终点.

(2) 已知:向量 $a=\{4,-4,7\}$,它的终点为 $(2,-1,7)$,求它的起点.

10. 从点 $A(2,-1,7)$ 沿向量 $\alpha=8i+9j-12k$ 的方向取线段长 $|AB|=34$,求点 B 的坐标.

（B）

1. 已知:$a=\{4,-2,4\}$,$b=\{6,-3,2\}$,试求:

(1) $a\cdot b$;　　　　(2) $(3a-2b)\cdot(a+2b)$;　　　　(3) $(a\hat{,}b)$.

2. 设 $a=3i+2j-k$,分别求出数量积 $a\cdot i,a\cdot j,a\cdot k$.

3. 证明两向量 $a=\{3,2,1\}$ 与 $b=\{2,-3,0\}$ 互相垂直.

4. 如果两力之和与差成直角,求证此两力相等.

5. 已知:$a\perp b$,且 $|a|=3$,$|b|=4$,计算:$|(a+b)\times(a-b)|$.

6. 向量 a 与 b 夹角为 $\dfrac{2\pi}{3}$,且 $|a|=1$,$|b|=2$,求 $|a\times b|$.

7. 已知:力 $F=2i-j+3k$ 作用在杠杆上点 $A(3,1,-1)$ 处,求此力关于杠杆上另一点 $B(1,-2,3)$ 的力矩.

8. 求同时垂直于向量 $a=\{1,-3,-1\}$，$b=\{2,-1,3\}$ 的单位向量.

9. 求与向量 $a=3i-6j+2k$ 及 y 轴垂直且长度为 3 个单位的向量.

10. 设有一质点开始位于点 $P(1,2,-1)$ 处，今有方向角分别为 $60°,60°,45°$ 而大小为 100 牛顿的力 F 作用于该质点．求此质点自 P 点做直线运动至点 $M(2,5,3\sqrt{2}-1)$ 处时力 F 所做的功？（长度单位为米）．

11. 已知：$\overrightarrow{OA}=i+3k$，$\overrightarrow{OB}=j+k$，求 $\triangle OAB$ 的面积.

12. 已知：向量 $a=\{2,-3,1\}$，$b=\{1,-1,3\}$，$c=\{1,-2,0\}$，求 $(a\times b)\cdot c$.

第二节　空间平面与直线

本节我们将以向量为工具，在空间直角坐标系中建立平面和直线的方程，然后对平面、直线的相互关系做些讨论.

一、平面

1. 平面的点法式方程

如果一个非零向量 n 垂直于一平面 Π，则称 n 是平面 Π 的法向量.

设平面 Π 过定点 $M_0(x_0,y_0,z_0)$，其法向量为 $n=\{A,B,C\}$，则平面 Π 可确定．现在我们来建立这个平面的方程(如图 7-18).

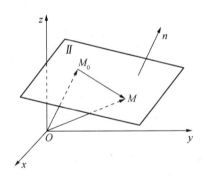

图 7-18

设 $M(x,y,z)$ 为所求平面 Π 上任一点，那么向量 $\overrightarrow{M_0M}=\{x-x_0,y-y_0,z-z_0\}$ 与 n 垂直，由两向量垂直的充分必要条件知，$\overrightarrow{M_0M}\cdot n=0$，即

$$A(x-x_0)+B(y-y_0)+C(z-z_0)=0. \tag{1}$$

由于平面 Π 上任一点的坐标都满足方程(1)式，而不在平面 Π 上的点的坐标都不满足(1)式，因此方程(1)就是所求的平面的方程．由于方程(1)是由给定的点 $P_0(x_0,y_0,z_0)$ 和法向量 $n=\{A,B,C\}$ 所确定的，因而称(1)式为平面的点法式方程.

例1 求过点 $M_1(0,-1,3)$，$M_2(1,1,-2)$ 和 $M_3(-1,2,-2)$ 的平面的方程.

解 因为向量 $\overrightarrow{M_1M_2}=\{1,2,-5\}$ 和 $\overrightarrow{M_1M_3}=\{-1,3,-5\}$ 在所求平面上，故可取所求平面的法向量 n 为 $\overrightarrow{M_1M_2}\times\overrightarrow{M_1M_3}$，即

$$n = \overrightarrow{M_1 M_2} \times \overrightarrow{M_1 M_3} = \begin{vmatrix} i & j & k \\ 1 & 2 & -5 \\ -1 & 3 & -5 \end{vmatrix} = 5i + 10j + 5k.$$

由平面的点法式方程得所求平面的方程为

$$5(x-0) + 10(y+1) + 5(z-3) = 0,$$

即

$$x + 2y + z - 1 = 0.$$

例2 求过 x 轴和点 $M(4, -3, -1)$ 的平面的方程.

解 设所求平面为 Π，其法向量为 n，因为平面 Π 过 x 轴，所以 $n \perp i$. 又因为向量 $\overrightarrow{OM} = \{4, -3, -1\}$ 在平面 Π 上，所以 $n \perp \overrightarrow{OM}$. 于是 $n /\!/ (i \times \overrightarrow{OM})$，故可取 $n = i \times \overrightarrow{OM} = i \times (4i - 3j - k) = j - 3k$. 由平面的点法式方程得 Π 的方程为

$$0 \cdot (x-4) + 1 \cdot (y+3) - 3 \cdot (z+1) = 0,$$

即

$$y - 3z = 0.$$

2. 平面的一般式方程

如果令 $D = -Ax_0 - By_0 - Cz_0$，则平面点法式方程(1)式可写为

$$Ax + By + Cz + D = 0.$$

上式说明平面方程是 x, y, z 的三元一次方程. 反之，任一三元一次方程

$$Ax + By + Cz + D = 0 \quad (A, B, C \text{ 不同时为零}) \tag{2}$$

均表示一平面. 事实上我们可以任取满足(2)式的一组数 x_0, y_0, z_0，那么有

$$Ax_0 + By_0 + Cz_0 + D = 0.$$

再从(2)式减去上式，得

$$A(x - x_0) + B(y - y_0) + C(z - z_0) = 0. \tag{3}$$

这是过点 (x_0, y_0, z_0)，以 $n = \{A, B, C\}$ 为法向量的平面方程. 由于上式与(2)式同解，因此，(3)式表示一平面. 我们称(3)式为平面的一般式方程.

例3 一平面过 $M_1(a, 0, 0)$，$M_2(0, b, 0)$，$M_3(0, 0, c)$ 三点 $(a, b, c$ 均不等于零)，求此平面的方程.

解 设所求平面方程为

$$Ax + By + Cz + D = 0.$$

因为点 $M_i (i = 1, 2, 3)$ 在所求平面上，其坐标应满足平面的方程，所以有

$$\begin{cases} Aa + D = 0 \\ Bb + D = 0. \\ Cc + D = 0 \end{cases}$$

解方程组，得

$$A = -\frac{D}{a}, B = -\frac{D}{b}, C = -\frac{D}{c}.$$

代入所求平面方程，化简整理，得

$$\frac{x}{a}+\frac{y}{b}+\frac{z}{c}=1. \tag{4}$$

在化简整理过程中，用到条件 $D\neq0$（因平面不过原点）. 方程（4）称为平面的截距式方程. a,b,c 分别称为平面在 x,y,z 轴上的截距.

利用平面的截距式方程作不过原点的平面非常简单，只要定出平面与三个坐标轴的交点，连接这三个交点，即得所求平面的图形.

例4 写出平面 $3x-2y+z-6=0$ 的截距式方程，并画图.

解 将 $3x-2y+z-6=0$ 化为 $3x-2y+z=6$. 两边除以 6，得平面的截距式方程

$$\frac{x}{2}+\frac{y}{-3}+\frac{z}{6}=1.$$

这表明该平面过点 $A(2,0,0)$，$B(0,-3,0)$ 和 $C(0,0,6)$. 在平面直角坐标系中作出 A,B,C 并连接这三点即得所要画的图形（如图 7-19）.

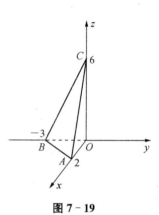

图 7-19

二、直线

1. 直线的一般式方程

空间直线 L 可以看作两平面的交线. 如果两个相交平面的方程分别为 $A_1x+B_1y+C_1z+D_1=0$，$A_2x+B_2y+C_2z+D_2=0$，那么空间直线 L 上任一点的坐标应同时满足这两个方程，即满足方程组

$$\begin{cases} A_1x+B_1y+C_1z+D_1=0 \\ A_2x+B_2y+C_2z+D_2=0 \end{cases}. \tag{5}$$

反之，如果点 M 不在直线 L 上，那么它不可能同时在这两个平面上，因此，它的坐标不满足（5）式. 于是这两平面的交线 L 可用方程组（5）表示. 我们称（5）式为空间直线的一般式方程（如图 7-20）.

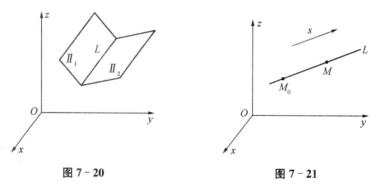

图 7-20

图 7-21

2. 直线的点向式方程和参数式方程

一直线 L 过空间一点 $M_0(x_0,y_0,z_0)$，且与一已知非零向量 $s=\{m,n,p\}$ 平行，那么直线

L 的位置就完全确定了. 下面我们来建立该直线的方程.

如图 7-21 所示, 设 $M(x,y,z)$ 为直线 L 上任意一点, 那么 $\overrightarrow{M_0M}/\!/s$, 于是 $\overrightarrow{M_0M}=\lambda s$, 由于 $\overrightarrow{M_0M}=\{x-x_0,y-y_0,z-z_0\}$, 从而得

$$\frac{x-x_0}{m}=\frac{y-y_0}{n}=\frac{z-z_0}{p}. \tag{6}$$

反之, 如果 M 不在直线 L 上, 那么 $\overrightarrow{M_0M}$ 与 s 不平行, 上式就不成立, 所以 (6) 式就是直线 L 的方程. 称 $s=\{m,n,p\}$ 为直线 L 的方向向量, m,n,p 为直线 L 的一组方向数, 并称 (6) 式为直线 L 的点向式方程.

因为 $s=\{m,n,p\}$ 是非零向量, 所以 m,n,p 不能同时为零. 若其中某一个或某两个为零时, 比如 $m=0$, (6) 式应理解为 $\begin{cases}x-x_0=0 \\ \dfrac{y-y_0}{n}=\dfrac{z-z_0}{p}.\end{cases}$

若 $m=n=0$, (6) 式应理解为 $\begin{cases}x-x_0=0 \\ y-y_0=0.\end{cases}$

如果设 (6) 式的比值为 t, 那么直线 L 的方程可写成如下形式:

$$\begin{cases}x=x_0+mt \\ y=y_0+nt \\ z=z_0+pt\end{cases} \tag{7}$$

上式称为直线 L 的参数式方程, t 为参数.

例 5 求过点 $M(1,0,-3)$ 且和平面 $x-y+3z-7=0$ 垂直的直线的方程.

解 因为所求直线和已知平面垂直, 所以已知平面的法向量 $n=\{1,-1,3\}$ 可以作为所求直线的方向向量 s, 即可取 $s=\{1,-1,3\}$, 又所求直线过点 $M(1,0,-3)$, 由直线的点向式方程得所求直线为

$$\frac{x-1}{1}=\frac{y-0}{-1}=\frac{z+3}{3}.$$

例 6 把直线的一般式方程

$$\begin{cases}x-2y+3z-3=0 \\ 3x+y-2z+5=0\end{cases}$$

化为直线的点向式方程和参数式方程.

解 先求直线上一点 M_0. 不妨令 $z=0$, 代入直线的一般式方程得

$$\begin{cases}x-2y-3=0 \\ 3x+y+5=0.\end{cases}$$

解方程得 $x=-1,y=-2$, 于是点 M_0 的坐标为 $M_0(-1,-2,0)$. 再求直线的方向向量 s, 因为两平面 $x-2y+3z-3=0$ 和 $3x+y-2z+5=0$ 的法向量分别为 $n_1=\{1,-2,3\}$ 和 $n_2=\{3,1,-2\}$, 故可取方向向量 $s=n_1\times n_2$, 即

$$s = n_1 \times n_2 = \begin{vmatrix} i & j & k \\ 1 & -2 & 3 \\ 3 & 1 & -2 \end{vmatrix} = i + 11j + 7k,$$

所以直线的点向式方程为

$$\frac{x+1}{1} = \frac{y+2}{11} = \frac{z-0}{7}.$$

令上式比值为 t，则直线的参数方程为

$$\begin{cases} x = -1 + t \\ y = -2 + 11t. \\ z = 7t \end{cases}$$

三、关于平面和直线的进一步讨论

1. 两平面之间的位置关系

我们将两平面的法向量之间的夹角 θ 称为两平面的夹角，通常指锐角，这里规定 $0 \leqslant \theta \leqslant \frac{\pi}{2}$（如图 7-22）。

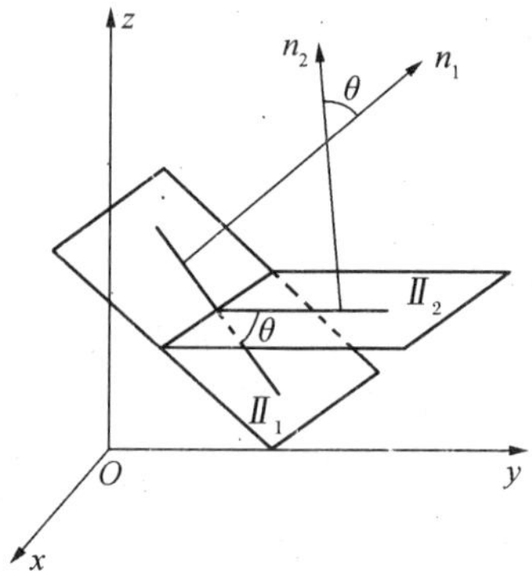

设平面 Π_1, Π_2 的法向量分别为 $n_1 = \{A_1, B_1, C_1\}$ 和 $n_2 = \{A_2, B_2, C_2\}$，那么这两平面之间夹角 θ 的余弦为

$$\cos\theta = \frac{|n_1 \cdot n_2|}{|n_1||n_2|}. \tag{8}$$

由两向量垂直、平行的条件立即推得如下结论：

平面 $\Pi_1 // \Pi_2$ 的充要条件为

$$\frac{A_1}{A_2} = \frac{B_1}{B_2} = \frac{C_1}{C_2}.$$

平面 $\Pi_1 \perp \Pi_2$ 的充要条件为

$$A_1 A_2 + B_1 B_2 + C_1 C_2 = 0.$$

图 7-22

例 7 设平面 Π_1 的方程为 $2x - y + 2z + 1 = 0$，平面 Π_2 的方程为 $x - y + 5 = 0$，求平面 Π_1 与 Π_2 之间的夹角 θ。

解 平面 Π_1 的法向量 $n_1 = \{2, -1, 2\}$，平面 Π_2 的法向量 $n_2 = \{1, -1, 0\}$，而 $|n_1| = 3$，$|n_2| = \sqrt{2}$，$n_1 \cdot n_2 = 2 \times 1 + (-1) \times (-1) + 2 \times 0 = 3$，所以

$$\cos(\widehat{n_1, n_2}) = \frac{n_1 \cdot n_2}{|n_1||n_2|} = \frac{3}{3\sqrt{2}} = \frac{\sqrt{2}}{2},$$

即

$$\theta = \arccos\frac{\sqrt{2}}{2} = \frac{\pi}{4}.$$

2. 两直线之间的位置关系

我们将两直线的方向向量之间的夹角 θ 称为两直线间的夹角,通常指锐角,这里规定 $0 \leqslant \theta \leqslant \dfrac{\pi}{2}$.

设两直线的方向向量分别为 $\boldsymbol{s}_1 = \{m_1, n_1, p_1\}$ 和 $\boldsymbol{s}_2 = \{m_2, n_2, p_2\}$,则由两向量的夹角的余弦公式,直线 L_1 与直线 L_2 的夹角 θ 可由下式

$$\cos\theta = \frac{|\boldsymbol{s}_1 \cdot \boldsymbol{s}_2|}{|\boldsymbol{s}_1||\boldsymbol{s}_2|} \tag{9}$$

来确定.

由两向量垂直、平行的条件可立即推得如下结论:

直线 $L_1 \perp L_2$ 的充要条件为 $m_1 m_2 + n_1 n_2 + p_1 p_2 = 0$.

直线 $L_1 /\!/ L_2$ 的充要条件为 $\dfrac{m_1}{m_2} = \dfrac{n_1}{n_2} = \dfrac{p_1}{p_2}$.

例8 已知一直线过点 $M(1,2,3)$ 且与直线 $\dfrac{x-2}{2} = \dfrac{y+4}{-3} = \dfrac{z-0}{4}$ 平行,试求此直线的方程.

解 因为所求直线与直线 $\dfrac{x-2}{2} = \dfrac{y+4}{-3} = \dfrac{z-0}{4}$ 平行,故所求直线的方向向量 $\boldsymbol{s}$ 可取为 $\boldsymbol{s} = \{2, -3, 4\}$. 所求直线方程为

$$\frac{x-1}{2} = \frac{y-2}{-3} = \frac{z-3}{4}.$$

3. 直线和平面之间的位置关系

直线 L 和平面 Π 之间的夹角是指直线 L 与它在平面 Π 上的投影直线 L' 之间的夹角 $\varphi \left(0 \leqslant \varphi \leqslant \dfrac{\pi}{2}\right)$,如图 7-23 所示,设直线 L 的方向向量为 $\boldsymbol{s} = \{m, n, p\}$,平面 Π 的法向量为 $\boldsymbol{n} = \{A, B, C\}$,$(\widehat{\boldsymbol{s}, \boldsymbol{n}}) = \theta$,由图 7-23 可知,$\theta = \dfrac{\pi}{2} - \varphi$ 或 $\theta = \dfrac{\pi}{2} + \varphi$,所以

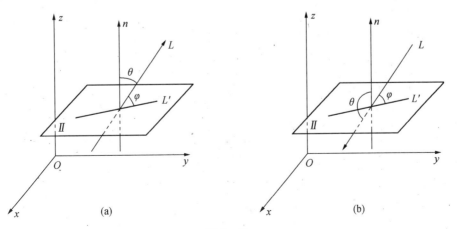

图 7-23

$$\sin\varphi = |\cos\theta| = \frac{|s \cdot n|}{|s||n|}. \tag{10}$$

容易推出直线 L 与平面 Π 平行的充要条件为 $Am + Bn + Cp = 0$，直线 L 与平面 Π 垂直的充要条件为 $\frac{A}{m} = \frac{B}{n} = \frac{C}{p}$.

例9 讨论下列直线与平面之间的位置关系，若相交，求出交角与交点.

(1) $\dfrac{x}{2} = \dfrac{y-2}{5} = \dfrac{z-6}{3}$ 和 $15x - 9y + 5z - 12 = 0$；

(2) $\dfrac{x-1}{1} = \dfrac{y-2}{-4} = \dfrac{z-3}{1}$ 和 $x + y + z - 1 = 0$.

解 (1) $s = \{2,5,3\}$，$n = \{15,-9,5\}$，因为 $s \cdot n = 2 \times 15 + 5 \times (-9) + 3 \times 5 = 0$，所以 $s \perp n$，直线与平面平行或者在平面内. 又因直线上的点 $(0,2,6)$ 满足平面方程 $15x - 9y + 5z - 12 = 0$，故直线在此平面内.

(2) $s = \{1,-4,1\}$，$n = \{1,1,1\}$，因为 $s \cdot n = 1 \times 1 + (-4) \times 1 + 1 \times 1 = -2 \neq 0$，所以直线与平面相交. 设交角为 φ，则

$$\sin\varphi = |\cos\theta| = \frac{|s \cdot n|}{|s||n|} = \frac{|-2|}{\sqrt{18} \cdot \sqrt{3}} = \frac{\sqrt{6}}{9},$$

即

$$\varphi = \arcsin\frac{\sqrt{6}}{9} = 15°47'35''.$$

为了求出直线和平面的交点，化直线方程为参数式：$x = 1 + t, y = 2 - 4t, z = 3 + t$，代入平面方程中，得

$$(1+t) + (2-4t) + (3+t) - 1 = 0.$$

解方程，得 $t = \dfrac{5}{2}$. 代入直线的参数方程，即得所求交点坐标为

$$x = \frac{7}{2}, y = -8, z = \frac{11}{2}.$$

4. 点到平面的距离

已知点 $P_1(x_0, y_0, z_0)$ 和平面 $\Pi: Ax + By + Cz + D = 0$，要求点 P_0 到平面 Π 的距离 d（如图 7-24）. 我们先求过点 $P_0(x_0, y_0, z_0)$，以 $n = \{A, B, C\}$ 为方向向量的直线 $L: \dfrac{x-x_0}{A} = \dfrac{y-y_0}{B} = \dfrac{z-z_0}{C}$，然后求出该直线 L 与平面 Π 的交点 P_1 的坐标，那么 $|\overrightarrow{P_0 P_1}|$ 就是 P_0 到平面 Π 的距离. 读者照此思路进行计算，可以得出

$$d = \frac{|Ax_0 + By_0 + Cz_0 + D|}{\sqrt{A^2 + B^2 + C^2}}. \tag{11}$$

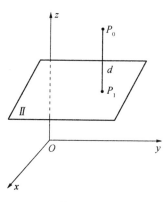

图 7-24

例 10　求点 $P(-1,2,1)$ 到平面 $2x-3y+6z-1=0$ 的距离.

解　将 $(x_0,y_0,z_0)=(-1,2,1),(A,B,C)=(2,-3,6)$ 代入(10)式,得

$$d=\frac{|2\times(-1)+(-3)\times 2+6\times 1-1|}{\sqrt{2^2+(-3)^2+6^2}}=\frac{3}{7}.$$

习题　7－2

1. 求过 y 轴和点 $M(-3,1,2)$ 的平面方程.

2. 求过点 $P(1,-1,-1)$ 和 $Q(2,2,4)$,且与平面 $x+y-z=0$ 垂直的平面方程.

3. 设平面过点 $(1,2,-1)$,且在 x 轴和 z 轴上的截距等于在 y 轴上截距的两倍,求此平面方程.

4. 试问三点 $A(1,-1,0),B(2,3,-1),C(-1,0,2)$ 是否在同一直线上? 若不在同一直线上,求此三点的平面.

5. 确定下列方程中的系数 l 和 m:

(1) 平面 $2x+ly+3z-6=0$ 和平面 $mx-6y-z+2=0$ 平行;

(2) 平面 $3x-5y+lz-3=0$ 和平面 $x+3y+2z+5=0$ 垂直.

6. 一平面平行于 x 轴,并经过两点 $(4,0,-2)$ 和 $(5,1,7)$,求此平面的方程.

7. 求直线 $\begin{cases} x-5y+2z-1=0 \\ z=2+5y \end{cases}$ 的点向式方程和参数方程.

8. 求过点 $(-1,2,1)$ 且和两平面 $x+y-2z-1=0$ 与 $x+2y-z+1=0$ 平行的直线方程.

9. 求过点 $(2,1,1)$ 且与直线 $\begin{cases} x+2y-z+1=0 \\ 2x+y-z=0 \end{cases}$ 垂直的平面方程.

10. 已知两平面的截距分别为 $1,2,2$ 和 $2,1,-2$,求此两平面的夹角.

11. 求过两直线 $\dfrac{x+3}{3}=\dfrac{y+2}{-2}=\dfrac{z}{1}$ 和 $\dfrac{x+3}{3}=\dfrac{y+4}{-2}=\dfrac{z+1}{1}$ 的平面方程.

12. 求直线 $\begin{cases} 3x-y+2z=0 \\ 6x-3y+2z=2 \end{cases}$ 和各坐标轴间的夹角.

13. 试确定下列各题中直线与平面的位置关系:

(1) $\dfrac{x+3}{2}=\dfrac{y+4}{7}=\dfrac{z-3}{-3}$ 和 $4x-2y-2z-3=0$;

(2) $\dfrac{x}{3}=\dfrac{y}{-2}=\dfrac{z}{7}$ 和 $3x-2y+7z-8=0$.

14. 求直线 $\dfrac{x+3}{3}=\dfrac{y+2}{-2}=\dfrac{z}{1}$ 与平面 $x+2y+2z-6=0$ 的交点和交角.

15. 画出下列平面的图形:

(1) $2x+y+z-6=0$;　　　　　　　(2) $3x-z-3=0$;

(3) $2y-z=0$;　　　　　　　　　　(4) $y+z=0$.

第三节　曲面及空间曲线

我们在前一节已经学习了平面、直线及其方程. 本节介绍空间中更一般的几何图形——曲面和曲线的方程.

一、曲面及其方程

在平面解析几何中，我们把任何平面曲线都看作点的几何轨迹，并建立了平面曲线的方程. 在空间解析几何中，任何曲面也都可看作点的几何轨迹，并可用类似的方法建立曲面的方程. 如果曲面 Σ 与三元方程

$$F(x,y,z)=0 \tag{1}$$

之间有如下关系：曲面 Σ 上任一点的坐标均满足方程(1)，不在曲线 Σ 上的点的坐标均不满足方程(1)，那么方程(1)就称为曲面 Σ 的方程，而曲面 Σ 称为该方程的图形（如图7-25）.

下面讨论球面、柱面、旋转曲面及其方程.

1. 球面

球面被看作是空间中与某个定点等距离的点的轨迹.

下面我们求球心为点 $M_0(x_0,y_0,z_0)$，半径为 R 的球面的方程.

设 $M(x,y,z)$ 为球面上任意一点（如图7-26），那么 $|\overrightarrow{M_0M}|=R$，即

$$\sqrt{(x-x_0)^2+(y-y_0)^2+(z-z_0)^2}=R,$$

两边平方，得

$$(x-x_0)^2+(y-y_0)^2+(z-z_0)^2=R^2. \tag{2}$$

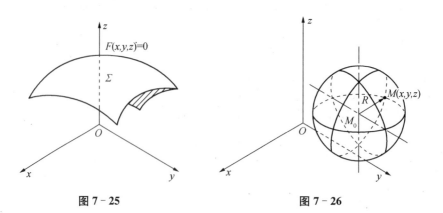

图 7-25　　　　　　　　　　　图 7-26

显然，球面上的点的坐标必满足方程(2)，不在球面的点的坐标不满足方程(2)，所以(2)式就是以 $M_0(x_0,y_0,z_0)$ 为球心，以 R 为半径的**球面的方程**.

如果球心在原点，那么 $x_0=y_0=z_0=0$，从而球面方程为

$$x^2+y^2+z^2=R^2.$$

将(2)式展开,得

$$x^2+y^2+z^2-2x_0x-2y_0y-2z_0z+x_0^2+y_0^2+z_0^2-R^2=0.$$

因此,球面的方程一般具有形式

$$x^2+y^2+z^2+2b_1x+2b_2y+2b_3z+c=0,$$

反之,形如上式的方程经过配方可以写成

$$(x+b_1)^2+(y+b_2)^2+(z+b_3)^2+c-b_1^2-b_2^2-b_3^2=0,$$

这就是说,只要 $b_1^2+b_2^2+b_3^2-c>0$,它的图形就是一个以 $(-b_1,-b_2,-b_3)$ 为球心,以 $\sqrt{b_1^2+b_2^2+b_3^2-c}$ 为半径的球面;如果 $b_1^2+b_2^2+b_3^2-c=0$,它的图形是一个点;如果 $b_1^2+b_2^2+b_3^2-c<0$,它是虚轨迹.

2. 柱面

先分析一个具体的问题:在空间解析几何中方程 $x^2+y^2=R^2$ 表示怎样的曲面? 我们知道方程 $x^2+y^2=R^2$ 在 xOy 平面上表示以原点为圆心,以 R 为半径的圆(如图 7-27). 在该圆上任取一点 $M_0(x_0,y_0,0)$,那么显然有 $x_0^2+y_0^2=R^2$ 成立. 过 M_0 作平行于 z 轴的直线 M_0M,那么直线 M_0M 上任一点的坐标 (x_0,y_0,z) 均满足该方程. 而当 M_0 沿圆周移动时,平行于 z 轴的直线 M_0M 就形成一曲面,这个曲面就是通常所说的圆柱面. 反之,不在此圆柱面上的点,它的坐标不满足这个方程. 因此,这个圆柱面的方程就是

$$x^2+y^2=R^2.$$

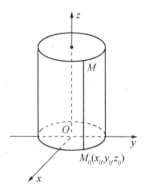

图 7-27

xOy 平面上的圆周 $x^2+y^2=R^2$ 称为该圆柱面的准线,过圆周与 z 轴平行的直线称为它的母线. 对于柱面,一般有以下定义.

定义　平行于定直线并沿定曲线 C 移动的直线 L 所形成的轨迹称为柱面. 定曲线 C 称为柱面的准线,动直线 L 称为柱面的母线.

如果柱面的准线是 xOy 平面上曲线 C,它在平面直角坐标系中的方程为 $F(x,y)=0$,那么以 C 为准线,母线平行于 z 轴的柱面方程就是

$$F(x,y)=0.$$

类似地,方程 $G(y,z)=0$ 表示母线平行于 x 轴的柱面,方程 $H(x,z)=0$ 表示母线平行于 y 轴的柱面. 在空间解析几何中,凡是方程中仅出现两个变量,这个方程就表示柱面,其母线平行于不出现的那个变量的同名坐标轴.

例如,方程 $x^2=4z$ 表示母线平行于 y 轴的柱面,它的准线为 xOz 平面上的抛物线 $x^2=4z$,这个柱面叫作**抛物柱面**(如图 7-28).

平面 $y+z-2=0$ 也可以看作母线平行于 x 轴的柱面,其准线为 yOz 平面上的直线 $y+z-2=0$(如图 7-29).

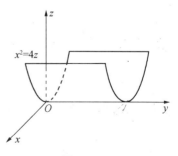

图 7-28

方程 $y^2-x^2=1$ 表示母线平行于 z 轴的柱面，它的准线为 xOy 平面上的双曲线，这个柱面叫**双曲柱面**（如图 7-30）.

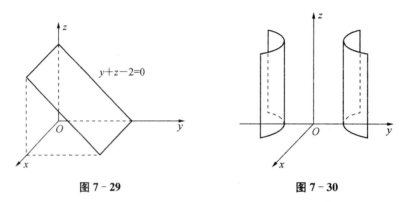

图 7-29　　　　　　　　　　图 7-30

3. 旋转曲面

在第六章我们计算过旋转体的体积，旋转体的侧面就是旋转曲面. 一般地，一平面曲线 C 绕同一平面内的定直线 L 旋转所形成的曲面叫作**旋转曲面**. 这条定直线 L 叫作旋转曲面的**轴**，曲线 C 叫作旋转曲面的**母线**.

现在求以 z 轴为旋转轴，以 yOz 坐标面上曲线 $C: f(y,z)=0$ 为母线的旋转曲面的方程.

设 $M(x,y,z)$ 为旋转曲面上任一点，它是由母线 C 上的 $M_0(0,y_0,z_0)$ 绕 z 轴旋转一定角度而得到的. 由图 7-31 可见，当曲线 C 绕 z 轴旋转时，点 M_0 的轨迹是在 $z=z_0$ 平面上，半径为 $|y_0|$ 的圆，即轨迹上的点到 z 轴的距离恒等于 $|y_0|$. 于是点 M 的坐标满足

$$z=z_0,\sqrt{x^2+y^2}=|y_0|.$$

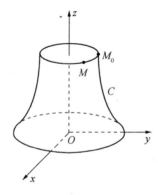

图 7-31

因为点 M_0 在曲线 C 上，所以有 $f(y_0,z_0)=0$，将 $z=z_0$，$\sqrt{x^2+y^2}=|y_0|$ 代入 $f(y,z)=0$，就得到点 M 的坐标应满足的方程

$$f(\pm\sqrt{x^2+y^2},z)=0, \tag{3}$$

而不在该旋转曲面上的点的坐标不满足方程（3），所以方程（3）就是所求的旋转曲面的方程.

同理,曲线 C 绕 y 轴旋转所得的旋转曲面方程为

$$f(y,\pm\sqrt{x^2+z^2})=0.$$

对其他坐标面上的曲线,绕该坐标面上任意一条坐标轴旋转所形成的旋转曲面,其方程可用与上述类似的方法求得.

例如,yOz 平面上直线 $z=ky$,绕 z 轴旋转一周所形成的旋转曲面方程是 $z=\pm k\sqrt{x^2+y^2}$,即 $z^2=k^2(x^2+y^2)$,此方程所表示的曲面(如图 7-32)称为圆锥面.

再如,zOx 平面上抛物线 $z=x^2+1$ 绕 z 轴旋转所形成的旋转曲面为 $z=(\pm\sqrt{x^2+y^2})^2+1$,即 $z=x^2+y^2+1$.这个曲面叫作**旋转抛物面**(如图 7-33).

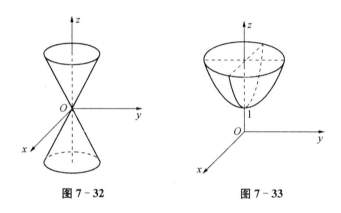

图 7-32   图 7-33

二、空间曲线及其方程

1. 空间曲线的方程

在研究空间直线时,曾把直线看作两平面的交线.对于一般的空间曲线,也可以看作是两个曲面的交线.设 $F_1(x,y,z)=0$ 和 $F_2(x,y,z)=0$ 分别为曲面 Σ_1 和 Σ_2 的方程.Σ_1 和 Σ_2 的交线为 C(如图 7-34).因为交线 C 上的点既在曲面 Σ_1 上,也在曲面 Σ_2 上,所以 C 上任一点的坐标满足方程组

$$\begin{cases} F_1(x,y,z)=0 \\ F_2(x,y,z)=0 \end{cases} \tag{4}$$

反之,不在交线 C 上的点不可能同时在曲面 Σ_1 和 Σ_2 上,所以它的点的坐标不满足这个方程组.因为曲线 C 可用上述方程组表示,称方程组(4)式为曲线 C 的**一般方程**.

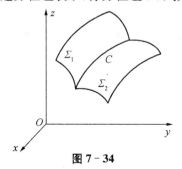

图 7-34

例1 方程组

$$\begin{cases} x^2+y^2=1 \\ 2x+3y+3z=6 \end{cases}$$

表示怎样的曲线？

解 方程组中第一个方程表示圆柱面，其母线平行于 z 轴，准线为 xOy 平面上的圆，圆心在原点，半径为 1. 方程组中第二个方程表示平面，方程组表示的曲线是圆柱面与平面的交线（如图 7-35）.

空间曲线也可以用参数方程表示，它的一般形式为

$$\begin{cases} x=x(t) \\ y=y(t) \quad (\alpha \leqslant t \leqslant \beta). \\ z=z(t) \end{cases} \tag{5}$$

α, β 为条件常数.

例2 设空间一动点 M 在圆柱面 $x^2+y^2=a^2$ 上以角速度 ω 绕 z 轴旋转，同时又以线速度 v 沿平行于 z 轴的正方向上升（其中 ω, v 为常数）. 求动点 M 的轨迹方程.

解 设动点 M 开始时 $(t=0)$ 的位置在 $M_0(a,0,0)$，经过时间 t，动点 M 的位置为 (x,y,z)（如图 7-36）. 记点 M 在 xOy 平面上的投影为 P，则 P 点的坐标为 $(x,y,0)$. 由题设知 $\angle M_0OP=\omega t, z=vt$，所以

$$\begin{cases} x=a\cos\omega t \\ y=a\sin\omega t. \\ z=vt \end{cases}$$

它就是动点 M 的轨迹的参数方程. 这条曲线称为**螺旋线**.

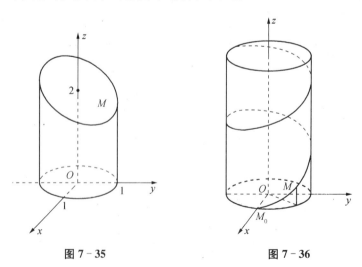

图 7-35   图 7-36

2. 空间曲线在坐标面上的投影

设空间曲线 C 的方程为(4). 下面讨论曲线 C 在 xOy 平面上投影曲线的方程.

由方程(4)消去 z 得方程

$$F(x,y)=0. \tag{6}$$

这是一个母线平行于 z 轴的柱面的方程. 若点的坐标满足(4),则该坐标必满足方程(6),因此,曲线 C 在(6)式所表示的柱面上,这个柱面称为曲线 C 关于 xOy 平面的投影柱面. 由此可得曲线 C 在 xOy 平面上的投影曲线方程为

$$\begin{cases} F(x,y)=0 \\ z=0 \end{cases}$$

用同样的方法可得曲线 C 在 yOz 平面和 zOx 平面上投影曲线的方程.

例 3　求曲线

$$\begin{cases} 2x^2+z^2-4y-4z=0 \\ x^2+3z^2+8y-12z=0 \end{cases}$$

在 xOy 平面和 yOz 平面上投影曲线的方程.

解　从所给方程组中消去 z,得

$$x^2=4y,$$

因此,所给曲线在 xOy 平面上的投影曲线方程为

$$\begin{cases} x^2=4y \\ z=0 \end{cases}.$$

它是 xOy 平面上的一条抛物线.

再从所给方程组中消去 x,得

$$z^2-4z+4y=0.$$

因此,所给曲线在 yOz 平面上的投影曲线方程为

$$\begin{cases} z^2-4z+4y=0 \\ x=0 \end{cases}.$$

它在 yOz 平面上也是一条抛物线.

三、二次曲面

在空间直角坐标系中,变量 x,y,z 的二次方程所表示的曲面称为**二次曲面**. 例如,球面、圆柱面都是二次曲面. 相应地我们称平面为一次曲面.

研究曲面的图形时,通常用一系列平行于坐标面的平面去截曲面,由截得的曲线(即截痕)形状可以得出曲面整体的轮廓,这种方法称为**截痕法**. 下面我们用截痕法讨论几种常见的二次曲面.

1. 椭球面

由方程

$$\frac{x^2}{a^2}+\frac{y^2}{b^2}+\frac{z^2}{c^2}=1 \ (a>0,b>0,c>0) \tag{7}$$

所表示的曲面称为**椭球面**，a, b, c 为椭球面的半轴．

由（7）式可以看出

$$\frac{x^2}{a^2} \leqslant 1, \frac{y^2}{b^2} \leqslant 1, \frac{z^2}{c^2} \leqslant 1, \text{即 } |x| \leqslant a, |y| \leqslant b, |z| \leqslant c,$$

因而该椭球面包含在 $x = \pm a, y = \pm b, z = \pm c$ 这六个平面所围成的长方体内．下面用截痕法讨论这个曲面的形状．

用 xOy 平面 $z = 0$ 和平行于 xOy 平面的平面 $z = h(|h| < c)$ 去截它，得到的截线（即截痕）方程为

$$\begin{cases} \dfrac{x^2}{a^2} + \dfrac{y^2}{b^2} = 1 \\ z = 0 \end{cases} \text{和} \begin{cases} \dfrac{x^2}{a^2 \left(1 - \dfrac{h^2}{c^2}\right)} + \dfrac{y^2}{b^2 \left(1 - \dfrac{h^2}{c^2}\right)} = 1 \\ z = h \end{cases}.$$

前者是 xOy 平面上的椭圆，两个半轴分别为 a, b，后者是在平面 $z = h$ 上的椭圆，它的两个半轴分别为 $a\sqrt{1 - \dfrac{h^2}{c^2}}$ 和 $b\sqrt{1 - \dfrac{h^2}{c^2}}$．当 h 变化时，这些椭圆的中心都在 z 轴上．当 $|h|$ 由零逐渐增大，且 $|h| < c$ 时，截痕曲线逐渐缩小，当 $h = \pm c$ 时，截痕缩为点．

用其他坐标平面或平行于其他坐标平面的平面去截此椭球面，所得的截痕有类似的结果．

综上所述，椭球面如图 7-37 所示．

在方程（7）中，若 a, b, c 中有两个相等，比如 $a = b$，此时（7）式变为

$$\frac{x^2 + y^2}{a^2} + \frac{z^2}{c^2} = 1,$$

它可以看作椭圆 $\begin{cases} \dfrac{x^2}{a^2} + \dfrac{z^2}{c^2} = 1 \\ y = 0 \end{cases}$ 绕 z 轴旋转而成的曲面，因而此时的椭球面称为**旋转椭球面**．若 $a = b = c$，此时方程（8）化为

$$x^2 + y^2 + z^2 = a^2,$$

它表示球面．

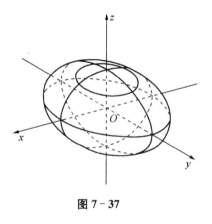

图 7-37

2. 椭圆抛物面

由方程

$$\frac{x^2}{a^2} + \frac{y^2}{b^2} = z \quad (a > 0, b > 0) \tag{8}$$

所表示的曲面称为**椭圆抛物面**．

由方程（8）知，$z \geqslant 0$，因而曲面在 xOy 平面的上方．

用 xOy 平面去截曲面(8),截痕为一点$(0,0,0)$.这点称为椭圆抛物面的顶点.

用平面 $z=h(h>0)$ 去截这个曲面,截痕曲线为

$$\begin{cases} \dfrac{x^2}{a^2 h} + \dfrac{y^2}{b^2 h} = 1 \\ z = h \end{cases}.$$

这是平面 $z=h$ 上的椭圆,该椭圆中心在 z 轴上,半轴分别为 $a\sqrt{h}, b\sqrt{h}$.当 h 增大时,所截得的椭圆也越来越大.

用平面 $x=h$ 和 $y=h$ 去截曲面,截痕曲线分别为

$$\begin{cases} y^2 = b^2\left(z - \dfrac{h^2}{a^2}\right) \\ x = h \end{cases} \text{和} \begin{cases} x^2 = a^2\left(z - \dfrac{h^2}{b^2}\right), \\ y = h \end{cases}$$

它们分别是平面 $x=h$ 及 $y=h$ 上的抛物线.

综上所述,椭圆抛物面形状如图 7-38 所示.

当 $a=b$ 时,方程(8)为

$$x^2 + y^2 = a^2 z,$$

此时曲面称为旋转抛物面.

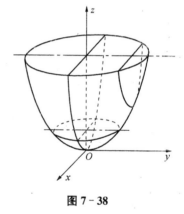

图 7-38

3. 单叶双曲面和双叶双曲面

用与上面类似的方法,还可以得出下列方程的图形.

方程 $$\dfrac{x^2}{a^2} + \dfrac{y^2}{b^2} - \dfrac{z^2}{c^2} = 1$$

表示的曲面称为**单叶双曲面**,如图 7-39 所示.

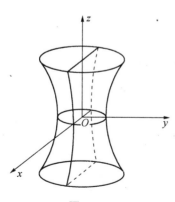

图 7-39

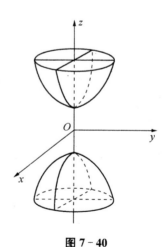

图 7-40

方程

$$\dfrac{x^2}{a^2} + \dfrac{y^2}{b^2} - \dfrac{z^2}{c^2} = -1$$

表示的曲面称为**双叶双曲面**,如图 7 - 40 所示.

　　例 4　画出下列各曲面所围成立体的图形:

　　(1) $x=0, y=0, z=0, x=1, y=2, \dfrac{x}{3}+\dfrac{y}{5}+\dfrac{z}{7}=1$;

　　(2) $2-z=\sqrt{x^2+y^2}, z=x^2+y^2$;

　　(3) $x^2+y^2=R^2, x^2+z^2=R^2, x=0, y=0, z=0$　(在第一卦限);

　　(4) $z=x^2+y^2+1, x+y=1, x=0, y=0, z=0$.

　　解　画出的图形如图 7 - 41 的(a)、(b)、(c)、(d)所示.

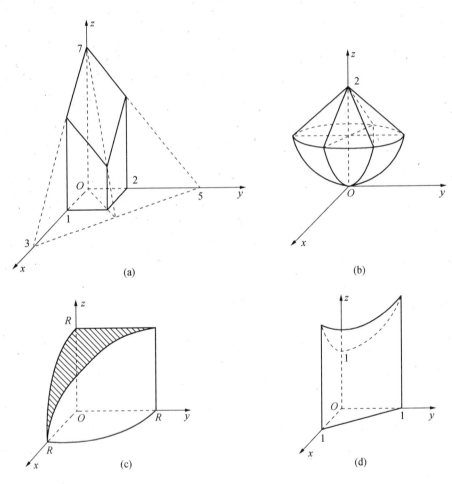

图 7 - 41

 习题　7 - 3

　　1. 求出下列方程所表示的球面的球心和半径:

　　(1) $x^2+y^2+z^2+4x-2y+z+\dfrac{5}{4}=0$;　　　(2) $2x^2+2y^2+2z^2-z=0$.

2. 一动点到点 $A(2,0,-3)$ 的距离与到点 $B(4,-6,6)$ 的距离之比等于 3,求此动点的轨迹.

3. 有一个圆位于距 xOy 平面为 5 个单位的平面上,它的圆心在 z 轴上,半径为 3,试建立这个圆的方程.

4. 下列方程中哪些表示旋转曲面? 它们是怎样产生的?

(1) $\dfrac{x^2}{4}+\dfrac{y^2}{9}+\dfrac{z^2}{9}=1$；

(2) $x^2+y^2+z^2=1$；

(3) $x^2+\dfrac{y^2}{2}+3z^2=1$；

(4) $x^2-\dfrac{y^2}{4}+z^2=1$；

(5) $x^2+y^2=1$；

(6) $x^2-y^2=1$.

5. 指出下列方程所表示的曲面的名称:

(1) $(x-1)^2+y^2+(z+1)^2=1$；

(2) $2x^2-y^2+2z^2=1$；

(3) $-x^2-y^2+z^2=1$；

(4) $x^2+y^2+4z^2=1$；

(5) $x^2+y^2=5$；

(6) $x^2-y^2-z^2=0$；

(7) $y^2=3x+1$；

(8) $3x^2+5y^2+z^2=6$.

6. 考察曲面 $\dfrac{x^2}{9}-\dfrac{y^2}{25}+\dfrac{z^2}{4}=1$ 在平面 $x=0,y=0,y=5,z=0,z=1,z=2\sqrt{2}$ 上截痕的形状.

7. 求曲线 $\begin{cases} x^2+y^2=z \\ z=x+1 \end{cases}$ 在 xOy 平面上投影曲线的方程.

8. 求两球面 $x^2+y^2+z^2=1$ 和 $x^2+(y-1)^2+(z-1)^2=1$ 的交线在 xOy 平面上投影曲线的方程.

9. 画出下列各组曲面所围成的立体的图形:

(1) $z=\sqrt{x^2+y^2}$, $x^2+y^2+z^2=R^2$　(含 z 轴部分);

(2) $x=0,y=0,z=0,x^2+y^2=R^2,y^2+z^2=R^2$　(在第一卦限内);

(3) $z=1-x^2,x=1-y^2,z=0$　(在第一卦限内);

(4) $z=x^2+2y^2,z=6-2x^2-y^2$；

(5) $z=1+\sqrt{1-x^2-y^2}$, $x^2+y^2=z^2$.

复习题 7

一、选择题

1. 设 a,b,c 为三个任意向量,则 $(a+b)\times c=($　　).

A. $a\times b\times c$

B. $c\times a+c\times b$

C. $a\times c+c\times b$

D. $c\times a+b\times c$

2. 设直线 $l_1:\dfrac{x-1}{1}=\dfrac{y-5}{-2}=\dfrac{z+8}{1}$ 与直线 $l_2:\begin{cases} x-y=6 \\ 2y+8=3 \end{cases}$,则 l_1 与 l_2 的夹角是(　　).

A. $\dfrac{\pi}{6}$

B. $\dfrac{\pi}{4}$

C. $\dfrac{\pi}{3}$

D. $\dfrac{\pi}{2}$

3. 设直线方程为 $\dfrac{x}{0}=\dfrac{y}{1}=\dfrac{z}{2}$，则该直线过原点且（　　）．

    A. 垂直于 x 轴   B. 垂直于 y 轴，但不平行于 x 轴

    C. 垂直于 z 轴，但不平行于 x 轴   D. 平行于 x 轴

4. 若有直线 $\begin{cases} x+3y+2z+1=0 \\ 2x-y-10z+3>0 \end{cases}$ 及平面 $\pi: 4x-2y+z-2=0$ 中，则直线（　　）．

    A. 平行于 π B. 在 π 上   C. 垂直于 π D. 与 π 斜交

5. 直线 $l_1: -x+1=\dfrac{y+1}{2}=\dfrac{z+1}{3}$ 与 $l_2: \begin{cases} 2x+y-1=0 \\ 3x+z-2=0 \end{cases}$ 的位置关系是（　　）

    A. 平行但不重合   B. 相交

    C. 重合   D. 异面直线

二、填空题

1. 设数 $\lambda_1, \lambda_2, \lambda_3$ 不全为 0，使 $\lambda_1 \boldsymbol{a}+\lambda_2 \boldsymbol{b}+\lambda_3 \boldsymbol{c}=\boldsymbol{0}$，则 $\boldsymbol{a}, \boldsymbol{b}, \boldsymbol{c}$ 三个向量是_____的．

2. 过点 $(1,2,1)$ 且与向量 $\boldsymbol{a}=\{1,-2,3\}$，$\boldsymbol{b}=\{0,-1,-1\}$ 平行的平面方程是_____．

3. 与两直线 $l_1: \begin{cases} x=1 \\ y=-1+t \\ z=2+t \end{cases}$ 和直线 $l_2: \dfrac{x+1}{1}=\dfrac{y+2}{1}=\dfrac{z-1}{1}$ 都平行，且过坐标原点的平

面方程_____．

4. 已知四面体的顶点 $O(0,0,0)$，$A(1,3,2)$，$B(2,1,0)$ 和 $C(-1,4,0)$，则四面体的体积

$V=$_____．

三、解答题

1. 在 y 轴上求与点 $A(1,-3,7)$ 和 $B(5,7,-5)$ 等距离的点．

2. 设 $\boldsymbol{a}=\{2,-1,-2\}$，$\boldsymbol{b}=\{1,1,z\}$．$z$ 取为何值时，$(\widehat{\boldsymbol{a},\boldsymbol{b}})$ 最小，并求出最小值．

3. 求与直线 $l_1: \begin{cases} x=38-1 \\ y=28-3 \end{cases}$ 和 $l_2: \begin{cases} y=2x-5 \\ z=7x+2 \end{cases}$ 垂直相交的直线方程．

第八章 多元函数微分学

第一节 多元函数的基本概念

一、多元函数的概念

本节将把函数、极限、连续等基本概念从一元函数推广到多元函数. 同一元函数一样,多元函数也是从自然现象和实际问题中抽象出来的数学概念. 下面先看两个多元函数的例子:

例 1 长方形的面积 S 与它的长 a 和宽 b 有关系

$$S = ab,$$

当 a, b 在一定范围 $(a>0, b>0)$ 内任取一对数值时, S 就有唯一确定的值与之对应.

例 2 在物理学中,一定质量的理想气体,其压强 p、体积 V 和热力学温度 T 之间有关系

$$p = \frac{RT}{V}.$$

其中, R 为常量. 当 T, V 在一定范围 $(T>0, V>0$, 任取一对数值时, p 就有唯一确定的值与之对应.

上面两例,来自于不同的实际问题,但有一定的共性. 由这些共性,可以抽象出以下二元函数的定义.

定义 1 设 D 为平面非空点集,若对 D 内任意一点 (x, y),按照某一对应法则 f,都有唯一一实数 z 与之对应,则称 z 为 x, y 在 D 上的**二元函数**,记作

$$z = f(x, y) \text{ 或 } z = z(x, y);$$

其中 x, y 称为**自变量**, z 称为**因变量**. 自变量 x, y 的变化范围 D 称为函数 $z = f(x, y)$ 的**定义域**,数集 $f(D) = \{z | z = f(x, y), (x, y) \in D\}$ 称为函数 $z = f(x, y)$ 的**值域**.

当自变量 x, y 分别取 x_0, y_0 时,函数 z 的对应值为 z_0,记作 $z_0 = f(x_0, y_0)$,称为函数 $z = f(x, y)$ 当 $x = x_0, y = y_0$ 时的函数值.

类似的,可以定义三元函数 $u = f(x, y, z)$ 以及三元以上的函数. 二元及二元以上的函数统称为**多元函数**.

如同用 x 轴上的点表示实数 x 一样,可以用 xOy 坐标平面上的点 $P(x, y)$ 表示一对有序数组 (x, y),于是二元函数 $z = f(x, y)$ 可简记为

$$z = f(P).$$

同一元函数一样,二元函数的定义域也是函数概念的一个重要组成部分,从实际问题提

出的函数,一般根据自变量所表示的实际意义确定函数的定义域,而对于由数学式子表示的函数 $z=f(x,y)$,它的定义域就是能使该数学式子有意义的那些自变量取值的全体. 求函数的定义域,就是求出使函数有意义的自变量的取值范围.

例 3　求函数 $z=\sqrt{9-x^2-y^2}$ 的定义域,并计算 $f(0,1)$ 和 $f(-1,1)$.

解　容易看出,当且仅当自变量 x,y 满足不等式

$$x^2+y^2\leqslant 9$$

时函数才有意义. 故函数的定义域为

$$D=\{(x,y)\,|\,x^2+y^2\leqslant 9\}.$$

其几何表示是 xOy 平面上以原点为圆心,半径为 3 的圆的内部及其边界上点的全体(如图 8-1),这是一个闭区域.

$$f(0,1)=\sqrt{9-0^2-1^2}=2\sqrt{2},$$
$$f(-1,1)=\sqrt{9-(-1)^2-1^2}=\sqrt{7}.$$

例 4　求二元函数 $z=\ln(x-y)$ 的定义域.

解　容易看出,当且仅当自变量 x,y 满足不等式

$$x-y>0$$

时函数 z 才有意义. 故所求函数的定义域为

$$D=\{(x,y)\,|\,x-y>0\}.$$

其几何表示是 xOy 平面上位于直线 $y=x$ 下方而不包括这条直线在内的半平面(如图 8-2),这是一个开区域.

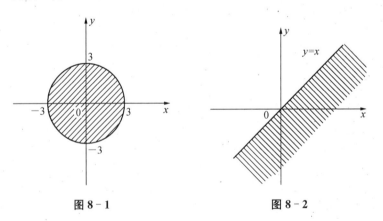

图 8-1　　　　　　　　　　图 8-2

二、二元函数的几何表示

一元函数 $y=f(x)$ 的图形在 xOy 平面上一般表示一条曲线. 对于二元函数 $z=f(x,y)$,设其定义域为 D,$P(x,y)$ 为函数定义域中的一点,与 P 点对应的函数值记为 $z=f(x,y)$,于是可在空间直角坐标系 $Oxyz$ 中作出点 $M(x,y,z)$. 当点 $P(x,y)$ 在定义域 D 内变动时,对应点 $M(x,y,z)$ 的轨迹就是函数 $z=f(x,y)$ 的几何图形. 一般来说,它通常是一

个曲面. 这就是二元函数的几何表示(如图 8-3). 而定义域 D 正是这个曲面在 Oxy 平面上的投影.

例 5 作二元函数 $z=\sqrt{1-x^2-y^2}$ 的图形.

解 函数 $z=\sqrt{1-x^2-y^2}$ 的定义域为 $x^2+y^2\leqslant1$,即为单位圆的内部及其边界.

对表达式 $z=\sqrt{1-x^2-y^2}$ 两边平方,得

$$z^2=1-x^2-y^2,$$

即

$$x^2+y^2+z^2=1.$$

它表示以 $(0,0,0)$ 为球心,1 为半径的球面. 又 $z\geqslant0$,因此,函数 $z=\sqrt{1-x^2-y^2}$ 的图形是位于 xOy 平面上方的半球面(如图 8-4).

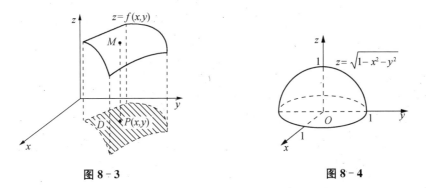

图 8-3　　　　　　　　　图 8-4

三、二元函数的极限

在一元函数中已经有了极限的概念. 尽管各种类型的极限不尽相同,但它们有共同的特点: 自变量的变化趋势引起了因变量的变化趋势. 多元函数的极限也是如此,这里只讨论二元函数的极限.

二元函数的极限的**直观描述**: 当 $P(x,y)$ 以**任意方式**趋近于点 $P_0(x_0,y_0)$ 时,对应的函数值 $f(x,y)$ 无限接近于一个确定的常数 A,就称 A 为函数 $z=f(x,y)$ 当 $P\to P_0$ 时的极限.

下面用"$\varepsilon-\delta$"语言描述这个极限概念.

定义 2 设 $f(x,y)$ 的定义域为 D,$P_0(x_0,y_0)$ 是 D 的内点或边界点. 如果对于任意给定的正数 ε,总存在正数 δ,使得对于适合不等式 $0<|PP_0|=\sqrt{(x-x_0)^2+(y-y_0)^2}<\delta$ 的一切点 $P(x,y)\in D$,都有

$$|f(x,y)-A|<\varepsilon$$

成立,则称常数 A 为函数 $f(x,y)$ 当 $(x,y)\to(x_0,y_0)$ 时的极限,记作

$$\lim_{(x,y)\to(x_0,y_0)}f(x,y)=A \quad 或 \quad f(x,y)\to A((x,y)\to(x_0,y_0)),$$

也记作

$$\lim_{\substack{x \to x_0 \\ y \to y_0}} f(x,y) = A.$$

为了区别于一元函数的极限,把二元函数的极限叫作**二重极限**.

注意	（1）二元函数的极限定义在形式上与一元函数的极限定义没有多大区别,但是二元函数的极限较一元函数要复杂得多,它要求点 $P(x,y)$ 以**任意方式**趋近于点 $P_0(x_0,y_0)$ 时,$f(x,y)$ 都趋近于同一个确定的常数 A,因此,即使当点 $P(x,y)$ 沿着许多特殊的方式趋近于点 $P_0(x_0,y_0)$ 时,二元函数 $z=f(x,y)$ 的对应值都趋近于同一个确定的常数,也不能断定 $\lim\limits_{(x,y)\to(x_0,y_0)} f(x,y)=A$ 存在;然而**如果当 $P(x,y)$ 以不同的方式趋于点 $P_0(x_0,y_0)$ 时,函数 $z=f(x,y)$ 趋向于不同的值,那么可以断定** $\lim\limits_{(x,y)\to(x_0,y_0)} f(x,y)=A$ **不存在**.

（2）关于二元函数的极限运算,有与一元函数类似的运算法则.为计算二元函数的二重极限,常用变量代换将二元函数的极限化为一元函数的极限来计算.

例6　求 $\lim\limits_{(x,y)\to(0,2)} \dfrac{\sin(xy)}{x}$.

解　$\lim\limits_{(x,y)\to(0,2)} \dfrac{\sin(xy)}{x} = \lim\limits_{(x,y)\to(0,2)} \left[\dfrac{\sin(xy)}{xy} \cdot y\right] = \lim\limits_{(x,y)\to(0,2)} \dfrac{\sin(xy)}{xy} \cdot \lim\limits_{(x,y)\to(0,2)} y$,因为

$$\lim_{(x,y)\to(0,2)} \frac{\sin(xy)}{xy} \xlongequal{xy=t} \lim_{t\to 0} \frac{\sin t}{t} = 1, \quad \lim_{(x,y)\to(0,2)} y = 2,$$

所以

$$\lim_{(x,y)\to(0,2)} \frac{\sin(xy)}{x} = 2.$$

例7　讨论二元函数

$$f(x,y) = \begin{cases} \dfrac{xy}{x^2+y^2} & x^2+y^2 \neq 0 \\ 0 & x^2+y^2 = 0 \end{cases}$$

当 $(x,y)\to(0,0)$ 时,极限是否存在.

解　首先考察两条特殊路径的极限:当点 (x,y) 沿着 x 轴（$y=0$）趋于点 $(0,0)$ 时,有

$$\lim_{\substack{(x,y)\to(0,0) \\ y=0}} f(x,y) = \lim_{x\to 0} f(x,0) = \lim_{x\to 0} 0 = 0.$$

当点 (x,y) 沿着 y 轴（$x=0$）趋于点 $(0,0)$ 时,有

$$\lim_{\substack{(x,y)\to(0,0) \\ x=0}} f(x,y) = \lim_{y\to 0} f(0,y) = \lim_{y\to 0} 0 = 0.$$

虽然点 (x,y) 沿这两条路径趋于点 $(0,0)$ 的极限值都为同一个数值 0,然而还不能断定当 $(x,y)\to(0,0)$ 时函数存在极限. 事实上极限是不存在的.

当点 (x,y) 沿着直线 $y=kx$ 轴趋于点 $(0,0)$ 时,

$$\lim_{\substack{(x,y)\to(0,0)\\y=kx}} f(x,y) = \lim_{\substack{(x,y)\to(0,0)\\y=kx}} \frac{xy}{x^2+y^2} = \lim_{x\to0} \frac{kx^2}{x^2+k^2x^2} = \frac{k}{1+k^2}.$$

当 k 取不同的数值时,上式的值就不相等,即当点沿不同的直线 $y=kx$ 趋于点 $(0,0)$ 时,函数 $z=f(x,y)$ 趋近于不同的值,因此 $\lim\limits_{(x,y)\to(0,0)} f(x,y)$ 不存在.

四、二元函数的连续性

仿照一元函数连续性的定义,下面给出二元函数连续性的定义.

定义 3 设函数 $z=f(x,y)$ 在点 $P_0(x_0,y_0)$ 的某一邻域内有定义,如果

$$\lim_{(x,y)\to(x_0,y_0)} f(x,y) = f(x_0,y_0),$$

则称函数 $f(x,y)$ **在点 $P_0(x_0,y_0)$ 处连续**.

如果函数 $z=f(x,y)$ 在区域 D 的每一点处都连续,则称函数 $z=f(x,y)$ **在区域 D 上连续**. 连续的二元函数 $z=f(x,y)$ 在几何上表示一张无空无隙的曲面.

如果函数 $z=f(x,y)$ 在点 $P_0(x_0,y_0)$ 处不连续,则称该点为函数 $z=f(x,y)$ 的**间断点**.

与一元函数相类似,二元连续函数的和、差、积、商(分母不为零)以及复合函数仍为连续函数. 下面讨论二元初等函数的连续性. 为此,给出二元初等函数的定义.

定义 4 由变量 x,y 的基本初等函数经过有限次的四则运算与复合运算而构成的,且用一个数学式子表示的函数称为**二元初等函数**.

根据以上所述,可以得到以下结论:二元初等函数在其定义区域(包含在定义域内的区域)内是连续的.

设 (x_0,y_0) 是初等函数 $z=f(x,y)$ 的定义域内的任一点,由上面结论可得

$$\lim_{(x,y)\to(x_0,y_0)} f(x,y) = f(x_0,y_0). \cdot$$

例 8 求下列二重极限:

(1) $\lim\limits_{(x,y)\to(1,0)} \dfrac{2x+\cos y}{\sqrt{x^2-y^2}}$; (2) $\lim\limits_{(x,y)\to(0,0)} \dfrac{1-\sqrt{xy+1}}{xy}$.

解 (1) 因为 $(1,0)$ 是初等函数 $f(x,y)=\dfrac{2x+\cos y}{\sqrt{x^2-y^2}}$ 的定义域内的一点,所以

$$\lim_{(x,y)\to(1,0)} \frac{2x+\cos y}{\sqrt{x^2-y^2}} = f(1,0) = \frac{2\times1+\cos0}{\sqrt{1^2-0^2}} = 3.$$

(2) $\lim\limits_{(x,y)\to(0,0)} \dfrac{1-\sqrt{xy+1}}{xy} = \lim\limits_{(x,y)\to(0,0)} \dfrac{(1-\sqrt{xy+1})(1+\sqrt{xy+1})}{xy(1+\sqrt{xy+1})}$

$$= -\lim_{(x,y)\to(0,0)} \frac{1}{1+\sqrt{xy+1}} = -\frac{1}{2}.$$

与闭区间上的一元连续函数的性质类似,在有界闭区域上的二元连续函数也有以下两个重要性质:

性质 1(有界性和最大值最小值定理) 如果函数 $f(x,y)$ 在有界闭区域 D 上连续,则 $f(x,y)$ 在 D 上有界,且一定存在最大值和最小值.

性质 2（介值定理）　如果函数 $f(x,y)$ 在有界闭区域 D 上连续,则 $f(x,y)$ 在 D 上必可取得介于函数最大值 M 与最小值 m 之间的任何值,即如果 μ 是 M 与 m 之间的任一常数 $(m<\mu<M)$,则在 D 上至少存在一点 $(\xi,\eta)\in D$,使得

$$f(\xi,\eta)=\mu.$$

以上就二元函数的极限与连续进行了讨论,这些概念和理论可以推广到二元以上的函数.

习题 8－1

1. 已知函数 $f(x,y)=x^2+y^2-xy\tan\dfrac{x}{y}$,试求 $f(tx,ty)$.

2. 求下列函数的定义域 D,并画图表示：

(1) $z=\ln(y^2-2x+1)$;

(2) $z=\sqrt{1-x^2}+\sqrt{y^2-1}$;

(3) $z=\sqrt{1-x-y}+\sqrt{1+x-y}$;

(4) $z=\sqrt{1-\dfrac{x^2}{a^2}-\dfrac{y^2}{b^2}}$.

3. 求下列极限：

(1) $\lim\limits_{(x,y)\to(0,1)}\dfrac{1-xy}{3x^2+y^2}$;

(2) $\lim\limits_{(x,y)\to(3,0)}\dfrac{x+y}{\sqrt{x+y+1}-1}$;

(3) $\lim\limits_{(x,y)\to(1,0)}\dfrac{\ln(x+e^y)}{\sqrt{x^2+y^2}}$;

(4) $\lim\limits_{(x,y)\to(0,2)}(1+xy)^{\frac{1}{x}}$;

(5) $\lim\limits_{(xy)\to(3,0)}\dfrac{\tan(xy)}{x}$;

(6) $\lim\limits_{(x,y)\to(0,0)}\dfrac{1-\cos(x+y)}{x+y}$.

4. 证明极限 $\lim\limits_{(x,y)\to(0,0)}\dfrac{x+y}{x-y}$ 不存在.

第二节　偏导数

一、偏导数的概念及其计算法

在一元函数里,从研究函数的变化率入手引入了导数的概念. 对于二元函数,也有函数关于各个自变量的变化率的问题,比如已知理想气体的体积 V、压强 p 和温度 T 之间的函数关系为 $V=\dfrac{RT}{p}$(R 是常数),在热力学中常讨论下面两种问题：

(1) 等温过程中(即温度 T 固定不变时),考虑由压强 p 的变化引起的体积的变化率;

(2) 等压过程中(即压强 p 固定不变时),考虑由温度 T 的变化引起的体积的变化率.

上述问题都是研究二元函数当一个自变量固定(看作常数)时对另一个自变量求导数的问题,这就是二元函数的偏导数.

定义　设函数 $z=f(x,y)$ 在点 (x_0,y_0) 的某一邻域内有定义,当 y 固定在 y_0,而 x 在 x_0 处有增量 Δx 时,相应地,函数有增量

$$f(x_0+\Delta x,y_0)-f(x_0,y_0),$$

如果极限

$$\lim_{\Delta x \to 0}\frac{f(x_0+\Delta x,y_0)-f(x_0,y_0)}{\Delta x}$$

存在,则称此极限值为函数 $z=f(x,y)$ 在点 (x_0,y_0) 处对 x 的偏导数. 记为

$$\frac{\partial z}{\partial x}\Big|_{(x_0,y_0)},\frac{\partial f}{\partial x}\Big|_{(x_0,y_0)},f_x(x_0,y_0) \text{或} z_x(x_0,y_0),$$

即

$$\frac{\partial z}{\partial x}\Big|_{(x_0,y_0)}=\lim_{\Delta x \to 0}\frac{f(x_0+\Delta x,y_0)-f(x_0,y_0)}{\Delta x}.$$

类似地,函数 $z=f(x,y)$ 在点 (x_0,y_0) 处对 y 的偏导数,定义为

$$\frac{\partial z}{\partial y}\Big|_{(x_0,y_0)}=\lim_{\Delta y \to 0}\frac{f(x_0,y_0+\Delta y)-f(x_0,y_0)}{\Delta y},$$

又可记为

$$\frac{\partial f}{\partial y}\Big|_{(x_0,y_0)},f_y(x_0,y_0) \text{或} z_y(x_0,y_0).$$

如果函数 $z=f(x,y)$ 在区域 D 内每一点 (x,y) 处都存在对 x 的偏导数,则这个偏导数仍是 x,y 的函数,称为函数 $z=f(x,y)$ **对自变量 x 的偏导函数**,记为

$$\frac{\partial z}{\partial x},\frac{\partial f}{\partial x},f_x(x,y) \text{或} z_x(x,y).$$

类似地,可以定义函数 $z=f(x,y)$ **对自变量 y 的偏导函数**,记为

$$\frac{\partial z}{\partial y},\frac{\partial f}{\partial y},f_y(x,y) \text{或} z_y(x,y).$$

且有

$$\frac{\partial z}{\partial x}=\lim_{\Delta x \to 0}\frac{f(x+\Delta x,y)-f(x,y)}{\Delta x},$$

$$\frac{\partial z}{\partial y}=\lim_{\Delta y \to 0}\frac{f(x,y+\Delta y)-f(x,y)}{\Delta y}.$$

函数 $z=f(x,y)$ 在点 (x_0,y_0) 处对 x 的偏导数 $f_x(x_0,y_0)$,就是偏导函数 $f_x(x,y)$ 在点 (x_0,y_0) 处的函数值,而 $f_y(x_0,y_0)$ 就是偏导函数 $f_y(x,y)$ 在点 (x_0,y_0) 处的函数值. 在不至于混淆的情况下,常把偏导函数称为偏导数.

二元以上的多元函数的偏导数可类似地定义.

由偏导函数的定义可知,求二元函数对某一自变量的偏导数时,是将另一自变量暂时看作常量,而只对该自变量求导数即可. 例如,求 $z=f(x,y)$ 对 x 的偏导数 f_x 时,把 y 暂时看作常量,而对 x 求导数;求对 y 的偏导数 f_y 时,把 x 暂时看作常量,而对 y 求导数.

例 1   设 $z=2x^2y^5+y^2+2x$，求 $\dfrac{\partial z}{\partial x},\dfrac{\partial z}{\partial y},\dfrac{\partial z}{\partial x}\Big|_{(2,1)}$ 及 $\dfrac{\partial z}{\partial y}\Big|_{(2,1)}$.

解   为求 $\dfrac{\partial z}{\partial x}$，则把 y 看成常量，对 x 求导数，得

$$\frac{\partial z}{\partial x}=2\cdot 2x\cdot y^5+2=4xy^5+2.$$

为求 $\dfrac{\partial z}{\partial y}$，则把 x 看成常量，对 y 求导数，得

$$\frac{\partial z}{\partial y}=2x^2\cdot 5y^4+2y=10x^2y^4+2y.$$

在 $(2,1)$ 处的偏导数就是偏导函数在 $(2,1)$ 处的值，故

$$\frac{\partial z}{\partial x}\Big|_{(2,1)}=4\times 2\times 1^5+2=10,\ \frac{\partial z}{\partial y}\Big|_{(2,1)}=10\times 2^2\times 1^4+2\times 1=42.$$

例 2   求函数 $z=x^y\,(x>0,x\neq 1)$ 的偏导数.

解   把 y 看成常量，对 x 求导数，得 $\dfrac{\partial z}{\partial x}=yx^{y-1}$.

把 x 看成常量，对 y 求导数，得 $\dfrac{\partial z}{\partial y}=x^y\ln x$.

例 3   设 $z=\ln(2x+3y)\sin(xy)$，求 $\dfrac{\partial z}{\partial x},\dfrac{\partial z}{\partial y}$.

解 $\dfrac{\partial z}{\partial x}=\dfrac{2}{2x+3y}\sin xy+\ln(2x+3y)\cos(xy)\cdot y$

$\qquad\quad=\dfrac{2\sin xy}{2x+3y}+y\ln(2x+3y)\cos(xy),$

$\quad\ \dfrac{\partial z}{\partial y}=\dfrac{3}{2x+3y}\sin xy+\ln(2x+3y)\cos(xy)\cdot x$

$\qquad\quad=\dfrac{3\sin xy}{2x+3y}+x\ln(2x+3y)\cos(xy).$

例 4   已知理想气体的状态方程 $pV=RT$（R 是常数），证明：

$$\frac{\partial p}{\partial V}\cdot\frac{\partial V}{\partial T}\cdot\frac{\partial T}{\partial p}=-1.$$

证明   因为

$$p=\frac{RT}{V},\frac{\partial p}{\partial V}=-\frac{RT}{V^2},V=\frac{RT}{p},\frac{\partial V}{\partial T}=\frac{R}{p},T=\frac{pV}{R},\frac{\partial T}{\partial p}=\frac{V}{R},$$

所以

$$\frac{\partial p}{\partial V}\cdot\frac{\partial V}{\partial T}\cdot\frac{\partial T}{\partial p}=-\frac{RT}{V^2}\cdot\frac{R}{p}\cdot\frac{V}{R}=-\frac{RT}{Vp}=-1.$$

上式说明，偏导数的记号 $\dfrac{\partial y}{\partial x}$ 是一个整体记号，不能理解为"分子"∂y 与"分母"∂x 之商，

否则上面这三个偏导数的积将等于 1. 这一点与一元函数的导数记号 $\dfrac{\mathrm{d}y}{\mathrm{d}x}$ 不同,$\dfrac{\mathrm{d}y}{\mathrm{d}x}$ 可以看成函数的微分 $\mathrm{d}y$ 与自变量微分 $\mathrm{d}x$ 的商.

例5 设二元函数

$$f(x,y)=\begin{cases} \dfrac{xy}{x^2+y^2} & x^2+y^2\neq 0, \\ 0 & x^2+y^2=0 \end{cases}$$

求 $f(x,y)$ 在 $(0,0)$ 的偏导数.

解 因为 $f(x,y)$ 是一个分段函数,$(0,0)$ 是分段点,所以需用偏导数的定义求,即

$$f_x(0,0)=\lim_{\Delta x\to 0}\frac{f(0+\Delta x,0)-f(0,0)}{\Delta x}=\lim_{\Delta x\to 0}\frac{\frac{\Delta x\cdot 0}{\Delta x^2+0}-0}{\Delta x}=0,$$

$$f_y(0,0)=\lim_{\Delta y\to 0}\frac{f(0,0+\Delta y)-f(0,0)}{\Delta y}=\lim_{\Delta y\to 0}\frac{\frac{0\cdot \Delta y}{0+\Delta y^2}-0}{\Delta y}=0.$$

该函数在点 $(0,0)$ 处不连续. 因此,对于多元函数来说,即使它在某点处所有偏导数都存在,也不能保证函数在该点处是连续的. 这说明多元函数在一点连续并不是函数在该点存在偏导数的必要条件.

同样还可以举出在点 $P(x_0,y_0)$ 连续,而在该点的偏导数不存在的多元函数的例子. 例如二元函数 $f(x,y)=\sqrt{x^2+y^2}$ 在点 $(0,0)$ 处是连续的,但在该点的偏导数不存在(读者可以自己证明).

因此,二元函数连续与偏导数存在,这两个条件之间是没有必然联系的. 然而对一元函数而言,如果在某点导数存在,则其在该点是连续的,这是多元函数与一元函数的一个重要差异.

二、高阶偏导数

设函数 $z=f(x,y)$ 在区域 D 内有偏导数

$$\frac{\partial z}{\partial x}=f_x(x,y),\frac{\partial z}{\partial y}=f_y(x,y).$$

一般说来,$f_x(x,y),f_y(x,y)$ 仍是 x,y 的函数. 如果它们的偏导数仍存在,则将其称为函数 $z=f(x,y)$ 的**二阶偏导数**. 按照对自变量的不同的求导次序,函数 $z=f(x,y)$ 有下列四个二阶偏导数:

$$\frac{\partial}{\partial x}\left(\frac{\partial z}{\partial x}\right)=\frac{\partial^2 z}{\partial x^2}=f_{xx}(x,y)=z_{xx}(x,y),$$

$$\frac{\partial}{\partial y}\left(\frac{\partial z}{\partial x}\right)=\frac{\partial^2 z}{\partial x\partial y}=f_{xy}(x,y)=z_{xy}(x,y),$$

$$\frac{\partial}{\partial x}\left(\frac{\partial z}{\partial y}\right)=\frac{\partial^2 z}{\partial y\partial x}=f_{yx}(x,y)=z_{yx}(x,y),$$

$$\frac{\partial}{\partial y}\left(\frac{\partial z}{\partial y}\right)=\frac{\partial^2 z}{\partial y^2}=f_{yy}(x,y)=z_{yy}(x,y),$$

其中 $f_{xy}(x,y)$ 与 $f_{yx}(x,y)$ 称为**二阶混合偏导数**. $f_{xy}(x,y)$ 是先对 x,后对 y 求偏导数,而 $f_{yx}(x,y)$ 是先对 y,后对 x 求偏导数.

类似可定义三阶、四阶以至 n 阶偏导数(如果存在的话). 二阶及二阶以上的偏导数统称为**高阶偏导数**. $f_x(x,y),f_y(x,y)$ 又称为函数 $z=f(x,y)$ 的**一阶偏导数**.

例 6 设 $z=x^3+y^3-2x^2y$,求它的二阶偏导数.

解 因为

$$\frac{\partial z}{\partial x}=3x^2-4xy,\frac{\partial z}{\partial y}=3y^2-2x^2,$$

所以

$$\frac{\partial^2 z}{\partial x^2}=\frac{\partial}{\partial x}\left(\frac{\partial z}{\partial x}\right)=\frac{\partial}{\partial x}(3x^2-4xy)=6x-4y,$$

$$\frac{\partial^2 z}{\partial x\partial y}=\frac{\partial}{\partial y}\left(\frac{\partial z}{\partial x}\right)=\frac{\partial}{\partial y}(3x^2-4xy)=-4x,$$

$$\frac{\partial^2 z}{\partial y\partial x}=\frac{\partial}{\partial x}\left(\frac{\partial z}{\partial y}\right)=\frac{\partial}{\partial x}(3y^2-2x^2)=-4x,$$

$$\frac{\partial^2 z}{\partial y^2}=\frac{\partial}{\partial y}\left(\frac{\partial z}{\partial y}\right)=\frac{\partial}{\partial y}(3y^2-2x^2)=6y.$$

该题值得注意的是:两个二阶混合偏导数相等,这个结果并不是偶然的. 事实上,有下面的定理.

定理 如果函数 $z=f(x,y)$ 在区域 D 上的二阶混合偏导数 $\frac{\partial^2 z}{\partial x\partial y},\frac{\partial^2 z}{\partial y\partial x}$ 连续,则在该区域上必有

$$\frac{\partial^2 z}{\partial x\partial y}=\frac{\partial^2 z}{\partial y\partial x}.$$

该定理说明,二阶混合偏导数在连续条件下与求偏导的次序无关.

例 7 设 $z=\ln\sqrt{x^2+y^2}$,证明下面方程成立:

$$\frac{\partial^2 z}{\partial x^2}+\frac{\partial^2 z}{\partial y^2}=0.$$

证明 因为 $z=\ln\sqrt{x^2+y^2}=\frac{1}{2}\ln(x^2+y^2)$,

所以

$$\frac{\partial z}{\partial x}=\frac{x}{x^2+y^2},\frac{\partial z}{\partial y}=\frac{y}{x^2+y^2},$$

$$\frac{\partial^2 z}{\partial x^2}=\frac{(x^2+y^2)-x\cdot 2x}{(x^2+y^2)^2}=\frac{y^2-x^2}{(x^2+y^2)^2},$$

$$\frac{\partial^2 z}{\partial y^2}=\frac{(x^2+y^2)-y\cdot 2y}{(x^2+y^2)^2}=\frac{x^2-y^2}{(x^2+y^2)^2},$$

因此
$$\frac{\partial^2 z}{\partial x^2}+\frac{\partial^2 z}{\partial y^2}=\frac{y^2-x^2}{(x^2+y^2)^2}+\frac{x^2-y^2}{(x^2+y^2)^2}=0,$$

即
$$\frac{\partial^2 z}{\partial x^2}+\frac{\partial^2 z}{\partial y^2}=0.$$

本例中的方程称为拉普拉斯(Laplace)方程,它是工程中常用的一种方程.

习题　8－2

1. 求 $z=x^2-2xy+3y^3$ 在点 $(1,2)$ 处的偏导数.

2. 求下列函数的偏导数:

(1) $z=x^3 y^2-3xy^3-xy$; 　　　　(2) $z=xy+\dfrac{x}{y}$;

(3) $z=\sin(xy)+\cos^2(xy)$; 　　　　(4) $z=\ln\tan\dfrac{x}{y}$;

(5) $s=\dfrac{u^2+v^2}{uv}$; 　　　　(6) $z=\dfrac{2xy+\sin(xy)}{x^2+\mathrm{e}^y}$;

(7) $z=(1+xy)^y$; 　　　　(8) $u=xy^2+yz^2+zx^2$.

3. 求下列函数的 $\dfrac{\partial^2 z}{\partial x^2},\dfrac{\partial^2 z}{\partial y^2}$ 和 $\dfrac{\partial^2 z}{\partial x\partial y}$:

(1) $z=x^3+3x^2 y+y^4+2$; 　　　　(2) $z=\arctan\dfrac{y}{x}$;

(3) $z=y^x$; 　　　　(4) $z=x\ln(xy)$.

4. 设 $f(x,y)=\mathrm{e}^{xy}+\sin(x+y)$,求 $f_{xx}\left(\dfrac{\pi}{2},0\right),f_{xy}\left(\dfrac{\pi}{2},0\right)$.

5. 验证函数 $z=\sin\dfrac{y}{x}+y$ 满足方程: $x^2\dfrac{\partial^2 z}{\partial x^2}+2xy\dfrac{\partial^2 z}{\partial x\partial y}+y^2\dfrac{\partial^2 z}{\partial y^2}=0$.

6. 设 $r=\sqrt{x^2+y^2+z^2}$,证明: $\dfrac{\partial^2 r}{\partial x^2}+\dfrac{\partial^2 r}{\partial y^2}+\dfrac{\partial^2 r}{\partial z^2}=\dfrac{2}{r}$.

第三节　全微分

一、全微分的概念

1. 全微分的定义

设二元函数 $z=f(x,y)$ 在点 (x,y) 的某邻域内有定义,在该邻域内,当自变量 x,y 在点 (x,y) 处分别有增量 $\Delta x,\Delta y$ 时,函数 z 相应的增量为
$$\Delta z=f(x+\Delta x,y+\Delta y)-f(x,y),$$

称其为二元函数 $z=f(x,y)$ 在点 (x,y) 处的**全增量**.

在一元函数中,若函数 $y=f(x)$ 在点 x 的增量可表示为 $\Delta y=A\Delta x+o(\Delta x)$(其中 A 与 Δx 无关),则称函数 y 在点 x 处可微,并称 $A\Delta x$ 为函数 y 在点 x_0 处的微分,记作 $\mathrm{d}y=$

$A\Delta x$. 类似地,下面给出二元函数全微分的定义.

定义 设二元函数 $z=f(x,y)$ 在点 (x,y) 的某邻域内有定义,如果 $z=f(x,y)$ 在点 (x,y) 的全增量

$$\Delta z=f(x+\Delta x,y+\Delta y)-f(x,y) \tag{1}$$

可以表示为

$$\Delta z=A\Delta x+B\Delta y+o(\rho),$$

其中 A,B 不依赖于 $\Delta x,\Delta y$ 而仅与 x,y 有关,$\rho=\sqrt{(\Delta x)^2+(\Delta y)^2}$,$o(\rho)$ 是当 $(\Delta x,\Delta y)\rightarrow(0,0)$ 时,比 ρ 高阶的无穷小,则称二元函数 $z=f(x,y)$ 在点 (x,y) 处**可微分**,简称可微,并称 $A\Delta x+B\Delta y$ 为函数 $z=f(x,y)$ 在点 (x,y) 处的**全微分**,记作 $\mathrm{d}z$,即

$$\mathrm{d}z=A\Delta x+B\Delta y.$$

若函数 $z=f(x,y)$ 在区域 D 内的每一点处都可微分,则称该函数在区域 D 内可微分.

由(1)式可知,如果函数 $z=f(x,y)$ 在点 (x,y) 可微分,则当 $(\Delta x,\Delta y)\rightarrow(0,0)$ 时,就有 $\Delta z\rightarrow0$,于是 $\lim\limits_{(\Delta x,\Delta y)\rightarrow(0,0)}f(x+\Delta x,y+\Delta y)=f(x,y)$,从而函数 $z=f(x,y)$ 在点 (x,y) 处连续.因此,如果函数在点 (x,y) 处不连续,则函数在该点一定不可微分.

2. 可微分的条件及全微分的计算

在一元函数中,可微与可导是等价的,互为充分必要条件,且 $\mathrm{d}y=f'(x)\mathrm{d}x$,那么二元函数 $z=f(x,y)$ 在点 (x,y) 处的可微与偏导数存在之间有什么关系呢? 全微分定义中的 A,B 又如何确定? 下面的定理给出回答.

定理 1(可微的必要条件) 若函数 $z=f(x,y)$ 在点 (x,y) 处可微,则该函数在点 (x,y) 的偏导数 $\dfrac{\partial z}{\partial x},\dfrac{\partial z}{\partial y}$ 存在,并且在点 (x,y) 的全微分为

$$\mathrm{d}z=\frac{\partial z}{\partial x}\Delta x+\frac{\partial z}{\partial y}\Delta y. \tag{2}$$

证明 因为 $z=f(x,y)$ 在点 (x,y) 处可微,则

$$\Delta z=A\Delta x+B\Delta y+o(\rho),$$

上式对任意的 $\Delta x,\Delta y$ 都成立.当 $\Delta y=0$ 时,$\rho=|\Delta x|$,则

$$\Delta z=f(x+\Delta x,y)-f(x,y)=A\Delta x+o(|\Delta x|),$$

两边同除以 Δx,再令 $\Delta x\rightarrow0$,取极限,得

$$\lim_{\Delta x\rightarrow0}\frac{f(x+\Delta x,y)-f(x,y)}{\Delta x}=\lim_{\Delta x\rightarrow0}\frac{A\Delta x+o(|\Delta x|)}{\Delta x}=A,$$

从而偏导数 $\dfrac{\partial z}{\partial x}$ 存在,且

$$\frac{\partial z}{\partial x}=A,$$

同理可证偏导数 $\dfrac{\partial z}{\partial y}$ 存在,且

$$\frac{\partial z}{\partial y}=B,$$

所以(2)式成立.证毕.

根据上面的定理,如果函数 $z=f(x,y)$ 在点 (x,y) 处可微,则在该点的全微分为

$$\mathrm{d}z=\frac{\partial z}{\partial x}\Delta x+\frac{\partial z}{\partial y}\Delta y.$$

这就是全微分的计算公式.

记 $\mathrm{d}x=\Delta x,\mathrm{d}y=\Delta y$,所以全微分又可写成

$$\mathrm{d}z=\frac{\partial z}{\partial x}\mathrm{d}x+\frac{\partial z}{\partial y}\mathrm{d}y.$$

定理 1 指出,二元函数在一点可微,则在该点偏导数一定存在,但此定理只是二元函数可微分的必要条件,例如,由第二节例 5 知,函数 $f(x,y)=\begin{cases}\dfrac{xy}{x^2+y^2} & x^2+y^2\neq 0 \\ 0 & x^2+y^2=0\end{cases}$ 在 $(0,0)$ 的两个偏导数都存在,但这个函数在 $(0,0)$ 处不连续,因此,是不可微分的.那么,二元函数可微的充分条件是什么呢? 可以证明以下定理成立.

定理 2（可微的充分条件） 若二元函数 $z=f(x,y)$ 在点 (x,y) 处的偏导数 $\dfrac{\partial z}{\partial x},\dfrac{\partial z}{\partial y}$ 存在且在点 (x,y) 处连续,则函数 $z=f(x,y)$ 在该点一定可微.

证明 由假定,偏导数 $\dfrac{\partial z}{\partial x},\dfrac{\partial z}{\partial y}$ 在点 (x,y) 的某邻域内存在.设点 $(x+\Delta x,y+\Delta y)$ 为该邻域内任意一点,考察函数的全增量

$$\begin{aligned}\Delta z &= f(x+\Delta x,y+\Delta y)-f(x,y)\\&=[f(x+\Delta x,y+\Delta y)-f(x,y+\Delta y)]+[f(x,y+\Delta y)-f(x,y)]\end{aligned}$$

在第一个方括号内的表达式,由于 $y+\Delta y$ 不变,因而可以看作是 x 的一元函数 $f(x,y+\Delta y)$ 的增量. 于是,应用拉格郎日中值定理,得到

$$f(x+\Delta x,y+\Delta y)-f(x,y+\Delta y)=f_x(x+\theta_1\Delta x,y+\Delta y)\Delta x,(0<\theta_1<1)$$

又由假设 $f_x(x,y)$ 在点 (x,y) 连续,所以上式可写为

$$f(x+\Delta x,y+\Delta y)-f(x,y+\Delta y)=f_x(x,y)\Delta x+\varepsilon_1\Delta x, \tag{3}$$

其中 ε_1 为 $\Delta x,\Delta y$ 的函数,且当 $\Delta x\to 0,\Delta y\to 0$ 时,$\varepsilon_1\to 0$.

同理可证,第二个方括号内的表达式可写为

$$f(x,y+\Delta y)-f(x,y)=f_y(x,y)\Delta y+\varepsilon_2\Delta y, \tag{4}$$

其中 ε_2 为 Δy 的函数,且当 $\Delta y\to 0$ 时,$\varepsilon_2\to 0$.

由(3)、(4)式可见,在偏导数连续的假定下,全增量 Δz 可以表示为

$$\Delta z = f_x(x,y)\Delta x + f_y(x,y)\Delta y + \varepsilon_1 \Delta x + \varepsilon_2 \Delta y,\tag{5}$$

容易看出

$$\left|\frac{\varepsilon_1 \Delta x + \varepsilon_2 \Delta y}{\rho}\right| \leqslant |\varepsilon_1| + |\varepsilon_2|,$$

它是随着 $(\Delta x,\Delta y) \to (0,0)$,即 $\rho \to 0$ 而趋于零.

这就证明了 $z=f(x,y)$ 在点 $P(x,y)$ 是可微分的.

上面两个定理说明,若函数可微,偏导数一定存在;若偏导数连续,函数一定可微. 由此可知,二元函数这些概念之间的关系与一元函数相关概念之间的关系是有区别的.

上面讨论的两个定理可以推广到三元和三元以上的多元函数. 如三元函数 $u=f(x,y,z)$ 的全微分存在,则有

$$\mathrm{d}u = \frac{\partial u}{\partial x}\mathrm{d}x + \frac{\partial u}{\partial y}\mathrm{d}y + \frac{\partial u}{\partial z}\mathrm{d}z.$$

例 1 求函数 $z=xy$ 在点 $(2,3)$ 处,关于 $\Delta x=0.01, \Delta y=-0.02$ 的全增量与全微分.

解 全增量 $\Delta z\Big|_{(2,3)} = (2+0.01)[3+(-0.02)] - 2\times 3 = -0.010\,2.$

因为

$$\frac{\partial z}{\partial x}\Big|_{\substack{x=2\\y=3}} = y\Big|_{\substack{x=2\\y=3}} = 3, \frac{\partial z}{\partial y}\Big|_{\substack{x=2\\y=3}} = x\Big|_{\substack{x=2\\y=3}} = 2,$$

所以全增量

$$\mathrm{d}z\Big|_{\substack{x=2\\y=3}} = \frac{\partial z}{\partial x}\Big|_{\substack{x=2\\y=3}}\Delta x + \frac{\partial z}{\partial y}\Big|_{\substack{x=2\\y=3}}\Delta y = 3\times 0.01 + 2\times(-0.02) = -0.01.$$

显然,全微分 $\mathrm{d}z$ 是全增量 Δz 的近似值.

例 2 求函数 $z=\sqrt{x^2+y^2}$ 的全微分 $\mathrm{d}z$.

解 因为

$$\frac{\partial z}{\partial x} = \frac{x}{\sqrt{x^2+y^2}}, \frac{\partial z}{\partial y} = \frac{y}{\sqrt{x^2+y^2}},$$

不难验证 $\dfrac{\partial z}{\partial x}, \dfrac{\partial z}{\partial y}$ 除 $(0,0)$ 点外都存在且连续,所以

$$\mathrm{d}z = \frac{\partial z}{\partial x}\mathrm{d}x + \frac{\partial z}{\partial y}\mathrm{d}y = \frac{x}{\sqrt{x^2+y^2}}\mathrm{d}x + \frac{y}{\sqrt{x^2+y^2}}\mathrm{d}y,$$

其中 $(x,y) \neq (0,0)$.

*二、全微分在近似计算中的应用

设函数 $z=f(x,y)$ 在点 (x_0,y_0) 处可微,则函数在该点的全增量可以表示为

$$\Delta z = f(x_0 + \Delta x, y_0 + \Delta y) - f(x_0, y_0)$$
$$= f_x(x_0, y_0)\Delta x + f_y(x_0, y_0)\Delta y + o(\rho).$$

当 $|\Delta x|$ 和 $|\Delta y|$ 很小时,就可以用函数的全微分 dz 近似代替函数的全增量 Δz,即

$$\Delta z \approx f_x(x_0, y_0)\Delta x + f_y(x_0, y_0)\Delta y = dz \tag{6}$$

或写成

$$f(x_0 + \Delta x, y_0 + \Delta y) \approx f(x_0, y_0) + f_x(x_0, y_0)\Delta x + f_y(x_0, y_0)\Delta y. \tag{7}$$

与一元函数的情形类似,利用式(5)和(6)可以计算函数增量的近似值、计算函数的近似值及估计误差.

例3 计算 $(1.03)^{3.02}$ 的近似值.

解 利用式(7)计算函数在点 $(x_0 + \Delta x, y_0 + \Delta y)$ 处的近似值,应首先根据题目选择函数 $f(x, y)$,其次选定点 (x_0, y_0),然后再按式(7)计算.

设 $f(x, y) = x^y$,取 $x_0 = 1, y_0 = 3, \Delta x = 0.03, \Delta y = 0.02$. 因为

$$f_x(x, y) = yx^{y-1}, f_y(x, y) = x^y \ln x,$$
$$f(1,3) = 1, f_x(1,3) = 3, f_y(1,3) = 0.$$

根据公式(7),得

$$(1.03)^{3.02} = f(1.03, 3.02) \approx f(1,3) + f_x(1,3)\Delta x + f_y(1,3)\Delta y$$
$$= 1 + 3 \times 0.03 + 0 \times 0.02 = 1.09.$$

例4 要做一个无盖的圆柱体形水槽,其内径为 2 米,高为 4 米,厚度为 0.01 米,问需用多少立方米的材料?

解 设圆柱的底面半径为 r,高为 h,体积为 V,则有

$$V = \pi r^2 h.$$

由题意,取 $r_0 = 2, h_0 = 4, \Delta r = \Delta h = 0.01, \Delta r$ 与 Δh 相对 r, h 都很小,根据公式(6),可得

$$\Delta V \approx dV = \frac{\partial V}{\partial r}\bigg|_{(r_0, h_0)} \Delta r + \frac{\partial V}{\partial h}\bigg|_{(r_0, h_0)} \Delta h = 2\pi r_0 h_0 \Delta r + \pi r_0^2 \Delta h$$
$$= 2\pi \times 2 \times 4 \times 0.01 + \pi \times 2^2 \times 0.01 = 0.628,$$

即约需用 0.628 立方米的材料.

习题 8-3

1. 求下列函数的全微分:

(1) $z = x^2 y + y^2$;

(2) $z = \dfrac{y}{\sqrt{x^2 + y^2}}$;

(3) $z = e^{\frac{y}{x}}$;

(4) $z = e^{xy}\cos(x+y)$;

(5) $z = x\ln(3x - y^2)$;

(6) $u = xyz$.

2. 求函数 $z=\ln(1+x^2+y^2)$ 在点 $(1,2)$ 处的全微分.

3. 求函数 $z=\dfrac{y}{x}$ 当 $x=2,y=1,\Delta x=0.1,\Delta y=-0.2$ 时的全增量和全微分.

4. 计算 $\mathrm{d}z=(1.97)^{1.05}$ 的近似值($\ln2\approx0.693$).

5. 已知长为 6 m、宽为 8 m 的长方形木板,如果长增加 5 cm,而宽减少 10 cm,问这块木板的对角线的近似变化怎样?

第四节　多元复合函数的求导法则

一、多元复合函数的链式法则

在一元函数微分学中,复合函数的求导法则起到了极其重要的作用. 如果 $y=f(u),u=\varphi(x)$,则 y 是 x 的复合函数,y 对 x 的导数是:

$$\frac{\mathrm{d}y}{\mathrm{d}x}=\frac{\mathrm{d}y}{\mathrm{d}u}\cdot\frac{\mathrm{d}u}{\mathrm{d}x}.$$

本节将一元函数微分学中的复合函数的概念及其求导法则推广到多元复合函数中.

定义　设 $z=f(u,v)$ 是变量 u,v 的函数,而 u,v 又是变量 x,y 的函数,即 $u=\varphi(x,y)$,$v=\psi(x,y)$,当 $(x,y)\in D$ 时,$(\varphi(x,y),\psi(x,y))\in D_f$,这里 D_f 表示函数 $z=f(u,v)$ 的定义域,因而 $z=f[\varphi(x,y),\psi(x,y)]$ 也是 x,y 的函数,称为由 $z=f(u,v)$ 与 $u=\varphi(x,y),v=\psi(x,y)$ 复合而成的**复合函数**. u,v 为**中间变量**,x,y 是**自变量**.

现在的问题是:若不将 $u=\varphi(x,y),v=\psi(x,y)$ 代入 $z=f(u,v)$,怎样直接从函数 $z=f(u,v)$ 的偏导数及函数 $u=\varphi(x,y),v=\psi(x,y)$ 的偏导函数来计算 $\dfrac{\partial z}{\partial x}$ 和 $\dfrac{\partial z}{\partial y}$. 关于这个问题有下面的定理.

定理 1　设函数 $u=\varphi(x,y),v=\psi(x,y)$ 都在点 (x,y) 具有对 x 及对 y 的偏导数,函数 $z=f(u,v)$ 在对应点 (u,v) 具有连续偏导数,则复合函数 $z=f[\varphi(x,y),\psi(x,y)]$ 在点 (x,y) 处偏导数存在,且

$$\frac{\partial z}{\partial x}=\frac{\partial z}{\partial u}\cdot\frac{\partial u}{\partial x}+\frac{\partial z}{\partial v}\cdot\frac{\partial v}{\partial x}, \tag{1}$$

$$\frac{\partial z}{\partial y}=\frac{\partial z}{\partial u}\cdot\frac{\partial u}{\partial y}+\frac{\partial z}{\partial v}\cdot\frac{\partial v}{\partial y}. \tag{2}$$

证明　下面证明(1)式成立. 设 x 获得增量 Δx,将 y 视作常量,这时 $u=\varphi(x,y),v=\psi(x,y)$ 的对应增量为 $\Delta u,\Delta v$,由此,函数 $z=f(u,v)$ 对应地获得增量 Δz. 根据假定,函数 $z=f(u,v)$ 在点 (u,v) 具有连续偏导数,于是由第三节式(5),有

$$\Delta z=\frac{\partial z}{\partial u}\Delta u+\frac{\partial z}{\partial v}\Delta v+\varepsilon_1\Delta u+\varepsilon_2\Delta v,$$

这里,当 $\Delta u\to0,\Delta v\to0$ 时,$\varepsilon_1\to0,\varepsilon_2\to0$.

将上式两边各除以 Δx,得

$$\frac{\Delta z}{\Delta x} = \frac{\partial z}{\partial u}\frac{\Delta u}{\Delta x} + \frac{\partial z}{\partial v}\frac{\Delta v}{\Delta x} + \varepsilon_1 \frac{\Delta u}{\Delta x} + \varepsilon_2 \frac{\Delta v}{\Delta x}.$$

因为当 $\Delta x \to 0$ 时，$\Delta u \to 0$，$\Delta v \to 0$，$\frac{\Delta u}{\Delta x} \to \frac{\partial u}{\partial x}$，$\frac{\Delta v}{\Delta x} \to \frac{\partial v}{\partial x}$，所以

$$\lim_{\Delta x \to 0} \frac{\Delta z}{\Delta x} = \frac{\partial z}{\partial u}\frac{\partial u}{\partial x} + \frac{\partial z}{\partial v}\frac{\partial v}{\partial x}.$$

即证(1)式,同理可证(2)式. 证毕.

为了掌握多元复合函数求偏导数的公式,常借助于复合函数的结构图. 例如,复合函数 $z = f[\varphi(x,y), \psi(x,y)]$ 的结构图如图 8-5 所示. 由结构图可清楚地看出哪些是复合函数的中间变量,哪些是自变量,以及它们的个数与关系. 形象地把公式(1)和公式(2)所表示的求导法则称为**链式法则**.

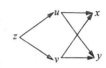

图 8-5

例 1 设 $z = e^u \sin v$,而 $u = xy$,$v = x + y$,求 $\frac{\partial z}{\partial x}$ 和 $\frac{\partial z}{\partial y}$.

解 因为 $\quad \frac{\partial z}{\partial u} = e^u \sin v,\frac{\partial z}{\partial v} = e^u \cos v,$

$$\frac{\partial u}{\partial x} = y,\frac{\partial v}{\partial x} = 1,\frac{\partial u}{\partial y} = x,\frac{\partial v}{\partial y} = 1.$$

所以:

$$\frac{\partial z}{\partial x} = \frac{\partial z}{\partial u}\cdot\frac{\partial u}{\partial x} + \frac{\partial z}{\partial v}\cdot\frac{\partial v}{\partial x} = e^u \sin v \cdot y + e^u \cos v \cdot 1 = e^{xy}[y\sin(x+y) + \cos(x+y)],$$

$$\frac{\partial z}{\partial y} = \frac{\partial z}{\partial u}\cdot\frac{\partial u}{\partial y} + \frac{\partial z}{\partial v}\cdot\frac{\partial v}{\partial y} = e^u \sin v \cdot x + e^u \cos v \cdot 1 = e^{xy}[x\sin(x+y) + \cos(x+y)].$$

例 2 设 $z = (4x^2 + 3y^2)^{2x+3y}$,求 $\frac{\partial z}{\partial x}$.

解 引进中间变量 $u = 4x^2 + 3y^2$,$v = 2x + 3y$,则 $z = u^v$. 于是

$$\frac{\partial z}{\partial u} = v \cdot u^{v-1},\frac{\partial z}{\partial v} = u^v \ln u,\frac{\partial u}{\partial x} = 8x,\frac{\partial v}{\partial x} = 2.$$

所以

$$\frac{\partial z}{\partial x} = \frac{\partial z}{\partial u}\cdot\frac{\partial u}{\partial x} + \frac{\partial z}{\partial v}\cdot\frac{\partial v}{\partial x} = v \cdot u^{v-1} \cdot 8x + u^v \ln u \cdot 2$$

$$= 8x(2x+3y) \cdot (4x^2 + 3y^2)^{2x+3y-1} + 2(4x^2 + 3y^2)^{2x+3y}\ln(4x^2 + 3y^2).$$

多元复合函数的求导法是学习、研究的重点和难点,为了更好地掌握这一方法,有必要做进一步的总结和分析.

多元复合函数的求导法则具有如下规律:

(1) 公式右端求和的项数,等于连接自变量与因变量的路线数;

(2) 公式右端每一项的因子数,等于该条路线上函数的个数.

上面的两条规律虽然是通过定理的公式(1)和(2)总结出来的,但它具有一般性. 对于中

间变量或自变量不是两个,或复合步骤多于一次的复合函数,都可以按照链式法则得到复合函数的偏导数公式.按照多元复合函数不同的复合情形,可以归结为三种情形,下面分别进行讨论.

1. 复合函数的中间变量均为一元函数的情形

定理 2   设函数 $u=\varphi(x),v=\psi(x)$ 都在点 x 可导,函数 $z=f(u,v)$ 在对应点 (u,v) 具有连续偏导数,则复合函数 $z=f[\varphi(x),\psi(x)]$ 在点 x 可导,且

$$\frac{\mathrm{d}z}{\mathrm{d}x}=\frac{\partial z}{\partial u}\cdot\frac{\mathrm{d}u}{\mathrm{d}x}+\frac{\partial z}{\partial v}\cdot\frac{\mathrm{d}v}{\mathrm{d}x}. \tag{3}$$

式(3)对应的复合函数的结构如图 8-6 所示.上述情形实际上是链式法则的一种特殊情形.注意到 u,v 都是 x 的函数,而与 y 无关,从而 $\frac{\partial u}{\partial y}=$

$0,\frac{\partial v}{\partial y}=0$;在 u 对 x 求导,v 对 x 求导时,由于 u,v 都是 x 的一元函数,故

$\frac{\partial u}{\partial x},\frac{\partial v}{\partial x}$ 分别等于 $\frac{\mathrm{d}u}{\mathrm{d}x},\frac{\mathrm{d}v}{\mathrm{d}x}$,这样就能从(1)和(2)两式得到(3)式.

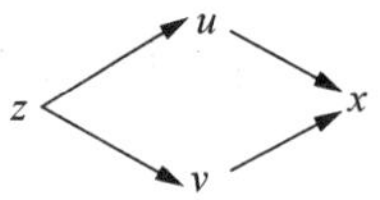

图 8-6

这种方法可以推广到复合函数的中间变量多于两个的情形.例如,设 $z=f(u,v,w)$,$u=\varphi(x),v=\psi(x),w=w(x)$ 复合而得到复合函数

$$z=f[\varphi(x),\psi(x),w(x)],$$

则在上述类似的条件下,这个复合函数在点 x 处可导,且其导数为:

$$\frac{\mathrm{d}z}{\mathrm{d}x}=\frac{\partial z}{\partial u}\cdot\frac{\mathrm{d}u}{\mathrm{d}x}+\frac{\partial z}{\partial v}\cdot\frac{\mathrm{d}v}{\mathrm{d}x}+\frac{\partial z}{\partial w}\cdot\frac{\mathrm{d}w}{\mathrm{d}x}. \tag{4}$$

公式(3)及(4)中的导数 $\frac{\mathrm{d}z}{\mathrm{d}x}$ 称为**全导数**.

例 3   设 $z=uv,u=\mathrm{e}^x,v=\cos2x$,求全导数 $\frac{\mathrm{d}z}{\mathrm{d}x}$.

解   由(3)式知,

$$\frac{\mathrm{d}z}{\mathrm{d}x}=\frac{\partial z}{\partial u}\cdot\frac{\mathrm{d}u}{\mathrm{d}x}+\frac{\partial z}{\partial v}\cdot\frac{\mathrm{d}v}{\mathrm{d}x}=v\cdot\mathrm{e}^x+2u\cdot(-\sin2x)=\mathrm{e}^x(\cos2x-2\sin2x).$$

例 4   设 $z=\mathrm{e}^{u-v^2}$,而 $u=\ln x,v=\sin x$,求全导数 $\frac{\mathrm{d}z}{\mathrm{d}x}$.

解   因为 $\frac{\partial z}{\partial u}=\mathrm{e}^{u-v^2},\frac{\partial z}{\partial v}=-2v\mathrm{e}^{u-v^2},$

$$\frac{\mathrm{d}u}{\mathrm{d}x}=\frac{1}{x},\frac{\mathrm{d}v}{\mathrm{d}x}=\cos x,$$

所以

$$\frac{\mathrm{d}z}{\mathrm{d}x}=\frac{\partial z}{\partial u}\frac{\mathrm{d}u}{\mathrm{d}x}+\frac{\partial z}{\partial v}\frac{\mathrm{d}v}{\mathrm{d}x}=\mathrm{e}^{\ln x-(\sin x)^2}\cdot\frac{1}{x}-2\sin x\mathrm{e}^{\ln x-(\sin x)^2}\cos x.$$

2. 复合函数的中间变量均为多元函数的情形

本节前述定理 1 即为此种情形,下面将其扩展为三个中间变量的情形.

定理 3　设函数 $u=\varphi(x,y), v=\psi(x,y), w=\omega(x,y)$ 在点 (x,y) 处偏导数存在,函数 $z=f(u,v,\omega)$ 在对应点 (u,v,ω) 具有连续偏导数,则复合函数 $z=f[\varphi(x,y),\psi(x,y),\omega(x,y)]$ 在点 (x,y) 处偏导数存在,且

$$\frac{\partial z}{\partial x}=\frac{\partial z}{\partial u}\cdot\frac{\partial u}{\partial x}+\frac{\partial z}{\partial v}\cdot\frac{\partial v}{\partial x}+\frac{\partial z}{\partial w}\cdot\frac{\partial \omega}{\partial x}, \tag{5}$$

$$\frac{\partial z}{\partial y}=\frac{\partial z}{\partial u}\cdot\frac{\partial u}{\partial y}+\frac{\partial z}{\partial v}\cdot\frac{\partial v}{\partial y}+\frac{\partial z}{\partial w}\cdot\frac{\partial \omega}{\partial y}. \tag{6}$$

式(5)和(6)对应的复合函数的结构如图 8-7 所示.

在情形 2 中,还会遇到这样的情形:中间变量只有一个,而中间变量是多元函数. 对此,只要应用复合函数的链式法则,则有如下的定理.

定理 4　设函数 $u=\varphi(x,y)$ 在点 (x,y) 处偏导数存在,函数 $z=f(u)$ 具有连续偏导数,则复合函数 $z=f[\varphi(x,y)]$ 在点 (x,y) 处偏导数存在且

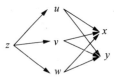

图 8-7

$$\frac{\partial z}{\partial x}=\frac{\mathrm{d}z}{\mathrm{d}u}\cdot\frac{\partial u}{\partial x}=f'(u)\cdot\frac{\partial u}{\partial x}, \tag{7}$$

$$\frac{\partial z}{\partial y}=\frac{\mathrm{d}z}{\mathrm{d}u}\cdot\frac{\partial u}{\partial y}=f'(u)\cdot\frac{\partial u}{\partial y}. \tag{8}$$

式(7)和(8)对应的复合函数的结构如图 8-8 所示.

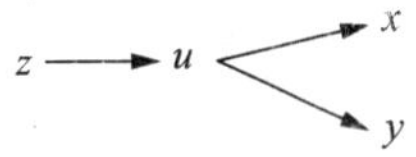

例 5　设 $z=u^2+v^2+w^2$,而 $u=x+y, v=xy, w=x-y$,求 $\dfrac{\partial z}{\partial x}$ 和 $\dfrac{\partial z}{\partial y}$.

图 8-8

解　因为　　$\dfrac{\partial z}{\partial u}=2u, \dfrac{\partial z}{\partial v}=2v, \dfrac{\partial z}{\partial w}=2w$,

$$\frac{\partial u}{\partial x}=1, \frac{\partial v}{\partial x}=y, \frac{\partial w}{\partial x}=1, \frac{\partial u}{\partial y}=1, \frac{\partial v}{\partial y}=x, \frac{\partial w}{\partial y}=-1,$$

所以

$$\frac{\partial z}{\partial x}=\frac{\partial z}{\partial u}\cdot\frac{\partial u}{\partial x}+\frac{\partial z}{\partial v}\cdot\frac{\partial v}{\partial x}+\frac{\partial z}{\partial w}\cdot\frac{\partial w}{\partial x}$$
$$=2u\cdot 1+2v\cdot y+2w\cdot 1=2x(y^2+2),$$

$$\frac{\partial z}{\partial y}=\frac{\partial z}{\partial u}\cdot\frac{\partial u}{\partial y}+\frac{\partial z}{\partial v}\cdot\frac{\partial v}{\partial y}+\frac{\partial z}{\partial w}\cdot\frac{\partial w}{\partial y}$$
$$=2u\cdot 1+2v\cdot x+2w\cdot(-1)=2y(x^2+2).$$

例 6　设 $z=f\left(\dfrac{x}{y}\right)$,其中 f 可微,求 $\dfrac{\partial z}{\partial x}$ 和 $\dfrac{\partial z}{\partial y}$.

解　令 $u=\dfrac{x}{y}$,则 $z=f\left(\dfrac{x}{y}\right)$ 为 $z=f(u)$ 与 $u=\dfrac{x}{y}$ 复合而成的复合函数,由公式(7)与

（8）得

$$\frac{\partial z}{\partial x}=f'(u)\cdot\frac{\partial u}{\partial x}=f'(u)\cdot\frac{1}{y}=\frac{1}{y}f'(u),$$

$$\frac{\partial z}{\partial y}=f'(u)\cdot\frac{\partial u}{\partial y}=f'(u)\cdot\left(-\frac{x}{y^2}\right)=-\frac{x}{y^2}f'(u).$$

3. 复合函数的中间变量既有一元函数，又有多元函数的情形

定理 5 设函数 $u=\varphi(x,y)$ 在点 (x,y) 处偏导数存在，$v=\psi(y)$ 在点 y 处可导，函数 $z=f(u,v)$ 在对应点 (u,v) 处具有连续偏导数，则复合函数 $z=f[\varphi(x,y),\psi(y)]$ 在点 (x,y) 处偏导数存在，且

$$\frac{\partial z}{\partial x}=\frac{\partial z}{\partial u}\cdot\frac{\partial u}{\partial x}, \tag{9}$$

$$\frac{\partial z}{\partial y}=\frac{\partial z}{\partial u}\cdot\frac{\partial u}{\partial y}+\frac{\partial z}{\partial v}\cdot\frac{\mathrm{d}v}{\mathrm{d}y}. \tag{10}$$

式（9）和（10）对应的复合函数的结构如图 8-9 所示。

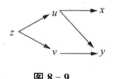

图 8-9

上述情形实际上也是链式法则的一种特殊情形。注意到 v 与 x 无关，从而 $\frac{\partial v}{\partial x}=0$；在 v 对 y 求导时，由于 v 是 y 的一元函数，故 $\frac{\partial v}{\partial y}$ 等于 $\frac{\mathrm{d}v}{\mathrm{d}y}$，这样就能从（1）和（2）两式分别得到（9）和（10）式。

例 7 设 $z=f(u,v)=2u+v$，而 $u=x^2-y^2$，$v=y$。证明：$y\frac{\partial z}{\partial x}+x\frac{\partial z}{\partial y}=x$。

证明 因为 $\frac{\partial z}{\partial u}=2,\frac{\partial z}{\partial v}=\frac{\partial z}{\partial y}=1,\frac{\partial u}{\partial x}=2x,\frac{\partial u}{\partial y}=-2y,\frac{\mathrm{d}v}{\mathrm{d}y}=\frac{\mathrm{d}y}{\mathrm{d}y}=1$，

所以

$$\frac{\partial z}{\partial x}=\frac{\partial z}{\partial u}\cdot\frac{\partial u}{\partial x}=2\cdot 2x=4x,$$

$$\frac{\partial z}{\partial y}=\frac{\partial z}{\partial u}\cdot\frac{\partial u}{\partial y}+\frac{\partial z}{\partial v}\cdot\frac{\mathrm{d}v}{\mathrm{d}y}=\frac{\partial z}{\partial u}\cdot\frac{\partial u}{\partial y}+\frac{\partial z}{\partial y}\cdot\frac{\mathrm{d}y}{\mathrm{d}y}$$
$$=2\cdot(-2y)+1\cdot 1=1-4y.$$

从而

$$y\frac{\partial z}{\partial x}+x\frac{\partial z}{\partial y}=y\cdot 4x+x\cdot(1-4y)=x,$$

即证等式成立。

在情形 3 中，还会遇到这样的情形：复合函数的某些中间变量本身又是复合函数的自变量。例如，设 $z=f(u,x,y)$ 具有连续偏导数，而 $u=\varphi(x,y)$ 具有偏导数，则复合函数 $z=f[\varphi(x,y),x,y]$ 可看作情形 2 中当 $v=x,w=y$ 的特殊情形，因此

$$\frac{\partial v}{\partial x}=1,\frac{\partial w}{\partial x}=0,$$

$$\frac{\partial v}{\partial y}=0, \frac{\partial w}{\partial y}=1.$$

从而复合函数 $z=f[\varphi(x,y),x,y]$，具有对自变量 x 及 y 的偏导数，且由公式（5）及 (6) 得

$$\frac{\partial z}{\partial x}=\frac{\partial f}{\partial u}\frac{\partial u}{\partial x}+\frac{\partial f}{\partial x},$$

$$\frac{\partial z}{\partial y}=\frac{\partial f}{\partial u}\frac{\partial u}{\partial y}+\frac{\partial f}{\partial y}.$$

注意

（1）这里 $\frac{\partial z}{\partial x}$ 与 $\frac{\partial f}{\partial x}$ 是不同的，$\frac{\partial z}{\partial x}$ 是把复合函数 $z=f(u,x,y)$ 中的 y 看作不变而对 x 的偏导数，$\frac{\partial f}{\partial x}$ 是把 $f(u,x,y)$ 中的 u 及 y 看作不变而对 x 的偏导数. $\frac{\partial z}{\partial y}$ 与 $\frac{\partial f}{\partial y}$ 也有类似的区别.

（2）为表达简便起见，引入以下记号：

$$f'_1=\frac{\partial f(u,v)}{\partial u}, f''_{12}=\frac{\partial^2 f(u,v)}{\partial u \partial v}.$$

这里下标 1 表示对第一个中间变量 u 求偏导数，下标 2 表示对第二个中间变量 v 求偏导数，同理有 f'_2, f''_{11}, f''_{22} 等等.

例 8 设函数 $z=f(u,y)$ 关于 u,y 的偏导数连续，$u=x^2+3y^2$，求 $\frac{\partial z}{\partial x}$ 和 $\frac{\partial z}{\partial y}$.

解 在这个复合函数中，y 既是中间变量又是自变量，下述记号分别为

f'_1 ——表示复合函数 $f(u,y)$ 对第一个中间变量 u 求偏导；

f'_2 ——表示复合函数 $f(u,y)$ 对第二个中间变量 y 求偏导.

则由复合函数结构图及链式法则有

$$\frac{\partial z}{\partial x}=f'_1 \cdot \frac{\partial u}{\partial x}=2xf'_1,$$

$$\frac{\partial z}{\partial y}=f'_1 \cdot \frac{\partial u}{\partial y}+f'_2 \cdot \frac{dy}{dy}=6yf'_1+f'_2.$$

复合函数高阶偏导数的计算，只要重复运用前面的运算法则即可. 下面举例说明.

例 9 设 $z=f(x^2y, xy^2)$，f 具有二阶连续偏导数，求 $\frac{\partial w}{\partial x}$ 及 $\frac{\partial^2 z}{\partial x^2}$.

解 令 $u=x^2y, v=xy^2$，则 $z=f(u,v)$.

因所给函数由 $z=f(u,v)$ 及 $u=x^2y, v=xy^2$ 复合而成，根据复合函数求导法则，有

$$\frac{\partial z}{\partial x}=\frac{\partial f}{\partial u} \cdot \frac{\partial u}{\partial x}+\frac{\partial f}{\partial v} \cdot \frac{\partial v}{\partial x}=f'_1 \cdot 2xy+f'_2 \cdot y^2=2xyf'_1+y^2f'_2,$$

$$\frac{\partial^2 z}{\partial x^2}=\frac{\partial}{\partial x}(2xyf'_1+y^2f'_2)=2yf'_1+2xy\frac{\partial f'_1}{\partial x}+y^2\frac{\partial f'_2}{\partial x}.$$

求 $\dfrac{\partial f_1'}{\partial x}$ 及 $\dfrac{\partial f_2'}{\partial x}$ 时，应注意 f_1' 及 f_2' 仍是以 u,v 为中间变量的复合函数，根据复合函数链式法则，有

$$\frac{\partial f_1'}{\partial x}=\frac{\partial f_1'}{\partial u}\frac{\partial u}{\partial x}+\frac{\partial f_1'}{\partial v}\frac{\partial v}{\partial x}=f''_{11}\cdot 2xy+f''_{12}\cdot y^2=2xyf''_{11}+y^2f''_{12},$$

$$\frac{\partial f_2'}{\partial x}=\frac{\partial f_2'}{\partial u}\frac{\partial u}{\partial x}+\frac{\partial f_2'}{\partial v}\frac{\partial v}{\partial x}=f''_{21}\cdot 2xy+f''_{22}\cdot y^2=2xyf''_{21}+y^2f''_{22}.$$

于是

$$\begin{aligned}\frac{\partial^2 z}{\partial x^2}&=2yf_1'+2xy\frac{\partial f_1'}{\partial x}+y^2\frac{\partial f_2'}{\partial x}\\&=2yf_1'+2xy\cdot(2xyf''_{11}+y^2f''_{12})+y^2\cdot(2xyf''_{21}+y^2f''_{22})\\&=2yf_1'+4x^2y^2f''_{11}+2xy^3f''_{12}+2xy^3f''_{21}+y^4f''_{22}.\end{aligned}$$

又 f 具有二阶连续偏导数，故 $f''_{12}=f''_{21}$，于是

$$\frac{\partial^2 z}{\partial x^2}=2yf_1'+4x^2y^2f''_{11}+4xy^3f''_{12}+y^4f''_{22}.$$

二、全微分形式不变性

一元函数的微分的一个重要性质是一阶微分形式不变性，也就是设 $y=f(u)$，不论 u 是自变量，还是中间变量，都有 $dy=f'(u)du$. 对于多元函数也有类似的性质.

设函数 $z=f(u,v)$ 具有连续偏导数，则有全微分

$$dz=\frac{\partial z}{\partial u}du+\frac{\partial z}{\partial v}dv. \tag{11}$$

如果 u,v 又是中间变量，即 $u=\varphi(x,y),v=\psi(x,y)$，且这两个函数也具有连续偏导数，则复合函数

$$z=f[\varphi(x,y),\psi(x,y)]$$

的全微分为

$$dz=\frac{\partial z}{\partial x}dx+\frac{\partial z}{\partial y}dy,$$

其中 $\dfrac{\partial z}{\partial x}$ 及 $\dfrac{\partial z}{\partial y}$ 分别由公式（1）和（2）给出，将公式（1）及（2）中的 $\dfrac{\partial z}{\partial x}$ 及 $\dfrac{\partial z}{\partial y}$ 代入上式，得

$$\begin{aligned}dz&=\left(\frac{\partial z}{\partial u}\frac{\partial u}{\partial x}+\frac{\partial z}{\partial v}\frac{\partial v}{\partial x}\right)dx+\left(\frac{\partial z}{\partial u}\frac{\partial u}{\partial y}+\frac{\partial z}{\partial v}\frac{\partial v}{\partial y}\right)dy\\&=\frac{\partial z}{\partial u}\left(\frac{\partial u}{\partial x}dx+\frac{\partial u}{\partial y}dy\right)+\frac{\partial z}{\partial v}\left(\frac{\partial v}{\partial x}dx+\frac{\partial v}{\partial y}dy\right)\\&=\frac{\partial z}{\partial u}du+\frac{\partial z}{\partial v}dv.\end{aligned}$$

由此可见，无论 u,v 是自变量，还是中间变量，函数 $z=f(u,v)$ 的全微分形式是一样的.

这个性质叫作**全微分形式不变性**.

例 10　求 $z=\ln(x^2+y^2)$ 的全微分和偏导数.

解　令 $u=x^2+y^2$，则 $z=\ln u$，将 u 视为自变量，可得

$$\mathrm{d}z=\mathrm{d}\ln u=\frac{1}{u}\mathrm{d}u=\frac{1}{x^2+y^2}\mathrm{d}(x^2+y^2)=\frac{1}{x^2+y^2}(2x\mathrm{d}x+2y\mathrm{d}y)$$

$$=\frac{2x}{(x^2+y^2)}\mathrm{d}x+\frac{2y}{(x^2+y^2)}\mathrm{d}y,$$

将 u 视为中间变量，则有

$$\mathrm{d}z=\frac{\partial z}{\partial x}\mathrm{d}x+\frac{\partial z}{\partial y}\mathrm{d}y,$$

由全微分形式不变性，可知

$$\frac{\partial z}{\partial x}\mathrm{d}x+\frac{\partial z}{\partial y}\mathrm{d}y=\frac{2x}{(x^2+y^2)}\mathrm{d}x+\frac{2y}{(x^2+y^2)}\mathrm{d}y,$$

比较等式左右两边的系数，可得

$$\frac{\partial z}{\partial x}=\frac{2x}{x^2+y^2},\ \frac{\partial z}{\partial y}=\frac{2y}{x^2+y^2}.$$

习题　8－4

1. 设 $z=u^2v-uv^2$，而 $u=x\cos y,v=x\sin y$，求 $\dfrac{\partial z}{\partial x}$ 和 $\dfrac{\partial z}{\partial y}$.

2. 设 $z=(1+x^2+y^2)^{xy}$，求 $\dfrac{\partial z}{\partial x}$ 和 $\dfrac{\partial z}{\partial y}$.

3. 设 $y=u^v$，而 $u=\cos x,v=\sin^2 x$，求 $\dfrac{\mathrm{d}y}{\mathrm{d}x}$.

4. 设 $z=\arcsin(x-y)$，而 $x=3t,y=4t^3$，求 $\dfrac{\mathrm{d}z}{\mathrm{d}t}$.

5. 设 $z=\arctan(xy)$，而 $y=\mathrm{e}^x$，求 $\dfrac{\mathrm{d}z}{\mathrm{d}x}$.

6. 求下列函数的一阶偏导数（其中 f 具有一阶连续偏导数）：

(1) $z=f(x^2y,x-\cos y)$；　　　　　　(2) $z=f\left(x,\dfrac{y}{x}\right)$；

(3) $z=\mathrm{e}^{xy}+f(x^2-\ln y)$；　　　　(4) $u=f(xy,x^2+y^2,xyz)$.

7. 设 $z=f\left(x,\dfrac{x}{y}\right)$，$f$ 具有二阶连续偏导数，求 $\dfrac{\partial^2 z}{\partial x^2},\dfrac{\partial^2 z}{\partial x\partial y},\dfrac{\partial^2 z}{\partial y^2}$.

8. 设 $z=\varphi(x^2+y^2)$，验证：$y\dfrac{\partial z}{\partial x}-x\dfrac{\partial z}{\partial y}=0$.

9. 设 $z=\dfrac{y^2}{3x}+\varphi(xy)$，验证：$x^2\dfrac{\partial z}{\partial x}-xy\dfrac{\partial z}{\partial y}+y^2=0$.

第五节　隐函数的求导公式

一、一元隐函数的求导

一元函数微分学中已经提出了隐函数的概念,并且指出了不经过显化方程 $F(x,y)=0$ 求它所确定的隐函数的方法. 现在介绍隐函数存在定理,并根据多元复合函数的求导法来导出隐函数的导数公式.

隐函数存在定理 1　设函数 $F(x,y)$ 在点 $P(x_0,y_0)$ 的某一邻域内具有连续偏导数,且 $F(x_0,y_0)=0$, $F_y(x_0,y_0)\neq0$,则方程 $F(x,y)=0$ 在点 (x_0,y_0) 的某一邻域内恒能唯一确定一个连续且具有连续导数的函数 $y=f(x)$,它满足条件 $y_0=f(x_0)$,并有

$$\frac{\mathrm{d}y}{\mathrm{d}x}=-\frac{F_x}{F_y}. \tag{1}$$

公式(1)就是由方程 $F(x,y)=0$ 所确定的**一元隐函数 $y=f(x)$ 的求导公式**.

这个定理我们不证. 现仅就公式(1)作如下推导.

设方程

$$F(x,y)=0 \tag{2}$$

确定了一个可导的隐函数 $y=f(x)$,函数 $F(x,y)$ 在点 (x,y) 的某个邻域内具有连续偏导函数 F_x 及 F_y 且 $F_y(x,y)\neq0$. 将 $y=f(x)$ 代入(2)式得

$$F(x,f(x))\equiv0,$$

将上式左端看作 x 的一个复合函数,求其全导数,由于恒等式两端求导后仍然恒等,即得

$$\frac{\partial F}{\partial x}+\frac{\partial F}{\partial y}\frac{\mathrm{d}y}{\mathrm{d}x}=0,$$

因为 F_y 连续且 $F_y(x_0,y_0)\neq0$,所以存在点 (x_0,y_0) 的一个邻域,在这个邻域内 $F_y\neq0$,于是得

$$\frac{\mathrm{d}y}{\mathrm{d}x}=-\frac{F_x}{F_y}.$$

如果 $F(x,y)$ 的二阶偏导数也都连续,可以把等式(1)的两端看作 x 的复合函数而再一次求导,即得

$$\begin{aligned}
\frac{\mathrm{d}^2 y}{\mathrm{d}x^2}&=\frac{\partial}{\partial x}\left(-\frac{F_x}{F_y}\right)+\frac{\partial}{\partial y}\left(-\frac{F_x}{F_y}\right)\frac{\mathrm{d}y}{\mathrm{d}x}\\
&=-\frac{F_{xx}F_y-F_{yx}F_x}{F_y^2}-\frac{F_{xy}F_y-F_{yy}F_x}{F_y^2}\left(-\frac{F_x}{F_y}\right)\\
&=-\frac{F_{xx}F_y^2-2F_{xy}F_xF_y+F_{yy}F_x^2}{F_y^3}.
\end{aligned}$$

例 1　求由方程 $(x^2+y^2)^3-3(x^2+y^2)+1=0$ 所确定的隐函数 $y=f(x)$ 的一阶导数

$\dfrac{\mathrm{d}y}{\mathrm{d}x}$ 和二阶导数 $\dfrac{\mathrm{d}^2 y}{\mathrm{d}x^2}$.

解　令 $F(x,y)=(x^2+y^2)^3-3(x^2+y^2)+1$,

则
$$F_x=3(x^2+y^2)^2 \cdot 2x-3 \cdot 2x=6x[(x^2+y^2)^2-1],$$
$$F_y=3(x^2+y^2)^2 \cdot 2y-3 \cdot 2y=6y[(x^2+y^2)^2-1].$$

由公式(2),得
$$\frac{\mathrm{d}y}{\mathrm{d}x}=-\frac{F_x}{F_y}=-\frac{x}{y},$$

再次对 x 求导,应注意 y 是 x 的函数,得

$$\frac{\mathrm{d}^2 y}{\mathrm{d}x^2}=\frac{\mathrm{d}}{\mathrm{d}x}\left(-\frac{x}{y}\right)=-\frac{y-xy'}{y^2}=-\frac{y-x\left(-\dfrac{x}{y}\right)}{y^2}=-\frac{y^2+x^2}{y^3}.$$

上面研究的是由一个方程所确定的一元隐函数导数的求解方法. 有时还会遇到由一个方程组所确定的多个一元隐函数,下面举例简要说明其导数的求解方法.

例 2　设 $\begin{cases} xyz=a^2 \\ x^2+y^2-2az=0 \end{cases}$,求 $\dfrac{\mathrm{d}y}{\mathrm{d}x},\dfrac{\mathrm{d}z}{\mathrm{d}x}$.

解　由题目要求可知,y,z 分别是 x 的一元函数.

所以方程组两边对 x 求导数得:$\begin{cases} yz+xz\dfrac{\mathrm{d}y}{\mathrm{d}x}+xy\dfrac{\mathrm{d}z}{\mathrm{d}x}=0 \\ 2x+2y\dfrac{\mathrm{d}y}{\mathrm{d}x}-2a\dfrac{\mathrm{d}z}{\mathrm{d}x}=0 \end{cases}$,

解得:
$$\frac{\mathrm{d}y}{\mathrm{d}x}=-\frac{y(az+x^2)}{x(az+y^2)},$$
$$\frac{\mathrm{d}z}{\mathrm{d}x}=\frac{z(x^2-y^2)}{x(az+y^2)} \quad (x(az+y^2)\neq 0).$$

二、二元隐函数的偏导数

类似一元隐函数存在定理 1,如果三元方程
$$F(x,y,z)=0 \tag{3}$$
能满足下面的定理,则它就能确定一个连续且具有连续偏导数的二元隐函数 $z=f(x,y)$.

隐函数存在定理 2　设函数 $F(x,y,z)$ 在点 $P(x_0,y_0,z_0)$ 的某一邻域内具有连续偏导数,且 $F(x_0,y_0,z_0)=0,F_z(x_0,y_0,z_0)\neq 0$,则方程 $F(x,y,z)=0$ 在点 (x_0,y_0,z_0) 的某一邻域内恒能唯一确定一个连续且具有连续偏导数的函数 $z=f(x,y)$,它满足条件 $z_0=f(x_0,y_0)$,并有

$$\frac{\partial z}{\partial x}=-\frac{F_x}{F_z},\frac{\partial z}{\partial y}=-\frac{F_y}{F_z}. \tag{4}$$

这个定理我们不证. 与定理 1 类似,仅就公式(4)作如下推导.

由于
$$F(x,y,f(x,y))\equiv 0,$$

将上式两端分别对 x 和 y 求偏导,应用复合函数的链式法则,得

$$\frac{\partial F}{\partial x}=F_x+F_z \cdot \frac{\partial z}{\partial x}=0,$$

$$\frac{\partial F}{\partial y}=F_y+F_z \cdot \frac{\partial z}{\partial y}=0,$$

即

$$F_x+F_z \cdot \frac{\partial z}{\partial x}=0, F_y+F_z \cdot \frac{\partial z}{\partial y}=0,$$

因为 F_z 连续,且 $F_z(x_0,y_0,z_0)\neq 0$,所以存在点 (x_0,y_0,z_0) 的一个邻域,在这个邻域内 $F_z\neq 0$,于是得

$$\frac{\partial z}{\partial x}=-\frac{F_x}{F_z}, \frac{\partial z}{\partial y}=-\frac{F_y}{F_z}.$$

公式(4)就是由方程 $F(x,y,z)=0$ 确定的**二元隐函数** $z=f(x,y)$ **的求偏导数公式**.

例 3 设 $z^3-3xyz=a^3$(a 为常数),求 $\frac{\partial z}{\partial x}, \frac{\partial z}{\partial y}$ 及 $\frac{\partial^2 z}{\partial x \partial y}$.

解 令 $F(x,y,z)=z^3-3xyz-a^3$,则

$$F_x=-3yz, F_y=-3xz, F_z=3z^2-3xy,$$

由公式(4),得

$$\frac{\partial z}{\partial x}=-\frac{F_x}{F_z}=\frac{yz}{z^2-xy},$$

$$\frac{\partial z}{\partial y}=-\frac{F_y}{F_z}=\frac{xz}{z^2-xy},$$

所以

$$\frac{\partial^2 z}{\partial x \partial y}=\frac{\partial}{\partial y}\left(\frac{\partial z}{\partial x}\right)=\frac{\partial}{\partial y}\left(\frac{yz}{z^2-xy}\right)=\frac{\left(z+y\frac{\partial z}{\partial y}\right) \cdot (z^2-xy)-yz\left(2z\frac{\partial z}{\partial y}-x\right)}{(z^2-xy)^2},$$

代入 $\frac{\partial z}{\partial y}=\frac{xz}{z^2-xy}$,得

$$\frac{\partial^2 z}{\partial x \partial y}=\frac{z(z^4-2xyz^2-x^2y^2)}{(z^2-xy)^3}.$$

下面举例简单说明由方程组确定的二元隐函数的偏导数的求解.

例 4 设 $u^2+v^2\neq 0$,x,y 是自变量,函数 $u(x,y),v(x,y)$ 由方程组 $\begin{cases} x^2+y^2-uv=0 \\ xy-u^2+v^2=0 \end{cases}$ 确定,求 $\frac{\partial u}{\partial x}, \frac{\partial v}{\partial x}$.

解 将所给两个方程两边对 x 求偏导数得:

$$\begin{cases} 2x+(-u_xv-uv_x)=0 \\ y-2uu_x+2vv_x=0 \end{cases},$$

解得

$$u_x=\frac{4xv+uy}{2(u^2+v^2)}, v_x=\frac{4xu-yv}{2(u^2+v^2)}.$$

习题 8-5

1. 求下列方程或方程组所确定的一元隐函数的导数:

(1) $\sin y+e^x-xy^2=0$,求$\dfrac{\mathrm{d}y}{\mathrm{d}x}$;

(2) $xy-\ln y=2$,求$\dfrac{\mathrm{d}y}{\mathrm{d}x}$;

(3) $\ln\sqrt{x^2+y^2}-\arctan\dfrac{y}{x}=0$,求$\dfrac{\mathrm{d}y}{\mathrm{d}x}$;

(4) $\begin{cases} x+y+z=0 \\ x^2+y^2+z^2=1 \end{cases}$,求$\dfrac{\mathrm{d}x}{\mathrm{d}z},\dfrac{\mathrm{d}y}{\mathrm{d}z}$.

2. 求下列方程或方程组所确定的二元隐函数的偏导数:

(1) $z^2y-x^2z^3-1=0$,求$\dfrac{\partial z}{\partial x},\dfrac{\partial z}{\partial y}$;

(2) $x+y^2-e^z=z$,求$\dfrac{\partial z}{\partial x},\dfrac{\partial z}{\partial y}$;

(3) $\dfrac{x}{z}=\ln\dfrac{z}{y}$,求$\dfrac{\partial z}{\partial x},\dfrac{\partial z}{\partial y}$;

(4) $\begin{cases} xu-yv=0 \\ yu+xv=1 \end{cases}$,求$\dfrac{\partial u}{\partial x},\dfrac{\partial v}{\partial x}$.

3. 设 $2\sin(x+2y-3z)=x+2y-3z$,证明:$\dfrac{\partial z}{\partial x}+\dfrac{\partial z}{\partial y}=1$.

4. 设 $x^2+y^2+z^2=4z$,求$\dfrac{\partial^2 z}{\partial x^2}$.

5. 设 $x=x(y,z),y=y(x,z),z=z(x,y)$ 都是由方程 $F(x,y,z)=0$ 所确定的具有连续偏导数的函数,证明:

$$\frac{\partial x}{\partial y}\cdot\frac{\partial y}{\partial z}\cdot\frac{\partial z}{\partial x}=-1.$$

第六节 多元函数的极值及其求法

一、多元函数的极值及最大值、最小值

在实际问题中,往往会遇到多元函数的最大值、最小值问题. 与一元函数类似,多元函数的最大值、最小值与极大值、极小值有密切的关系,因此,以二元函数为例,先来讨论多元函数的极值问题.

定义 设函数 $z=f(x,y)$ 的定义域为 $D,P_0(x_0,y_0)$ 为 D 的内点. 如果存在 $P_0(x_0,y_0)$ 的某个邻域,使得对于该邻域内异于 $P_0(x_0,y_0)$ 的任一点(x,y),都有

$$f(x,y)<f(x_0,y_0) \ (或\ f(x,y)>f(x_0,y_0))$$

成立,则称函数 $f(x,y)$ 在点(x_0,y_0)有**极大值**(或**极小值**)$f(x_0,y_0)$,点(x_0,y_0)称为函数 $f(x,y)$ 的**极大值点**(或**极小值点**). 函数的极大值与极小值统称为**极值**,极大值点与极小值

点统称为**极值点**.

例如，函数 $z=\sqrt{4-x^2-y^2}$ 在原点 $(0,0)$ 处取得极大值2，因为对于点 $(0,0)$ 的邻域内异于 $(0,0)$ 的任何点 (x,y)，其函数值都小于2. 事实上，点 $(0,0,2)$ 是上半球面 $z=\sqrt{4-x^2-y^2}$ 的顶点.

对于可导一元函数的极值，可以用一阶、二阶导数来确定. 对于偏导数存在的二元函数的极值，也可以用偏导数来确定. 下面两个定理是关于二元函数极值问题的结论.

定理1（极值存在的必要条件） 设函数 $z=f(x,y)$ 在点 (x_0,y_0) 处的两个偏导数都存在，且在该点处取得极值，则必有

$$f_x(x_0,y_0)=0, \quad f_y(x_0,y_0)=0.$$

证明 由于函数 $f(x,y)$ 在点 (x_0,y_0) 处取得极值，若将变量 y 固定在 y_0，则一元函数 $z=f(x,y_0)$ 在点 x_0 也必取得极值，根据一元可微函数极值存在的必要条件，得

$$f_x(x_0,y_0)=0.$$

同理

$$f_y(x_0,y_0)=0.$$

使 $f_x(x,y)=0$ 与 $f_y(x,y)=0$ 同时成立的点 (x,y) 称为函数 $f(x,y)$ 的**驻点**.

由以上定理知，对于偏导数存在的函数，它的极值点一定是驻点，但是驻点却未必是极值点. 如函数 $z=xy$，在点 $(0,0)$ 处的两个偏导数同时为零，即 $z_x(0,0)=0, z_y(0,0)=0$，但是容易看出驻点 $(0,0)$ 不是函数的极值点. 因为在点 $(0,0)$ 的任何一个邻域内，总有些点的函数值比0大，而另一些点的函数值比0小，所以驻点 $(0,0)$ 不是函数 $z=xy$ 的极值点. 那么，在什么条件下，驻点是极值点呢？

定理2（极值存在的充分条件） 设函数 $z=f(x,y)$ 在点 (x_0,y_0) 的某个邻域内有连续的一阶及二阶偏导数，且 (x_0,y_0) 是函数的驻点，即 $f_x(x_0,y_0)=0, f_y(x_0,y_0)=0$. 记 $A=f_{xx}(x_0,y_0), B=f_{xy}(x_0,y_0), C=f_{yy}(x_0,y_0)$，则 $z=f(x,y)$ 在点 (x_0,y_0) 处是否取得极值的条件如下：

(1) 当 $B^2-AC<0$ 时，函数在 (x_0,y_0) 处取得极值 $f(x_0,y_0)$，且当 $A<0, f(x_0,y_0)$ 是极大值，当 $A>0, f(x_0,y_0)$ 是极小值；

(2) 当 $B^2-AC>0$ 时，函数在 (x_0,y_0) 处没有极值；

(3) 当 $B^2-AC=0$ 时，函数在 (x_0,y_0) 处可能有极值，也可能没有极值，需另作讨论. 证明略.

综合定理1和定理2，把具有二阶连续偏导数的函数 $z=f(x,y)$ 的极值求法概括如下：

第一步 求方程组 $\begin{cases} f_x(x,y)=0 \\ f_y(x,y)=0 \end{cases}$ 的一切实数解，得所有驻点.

第二步 求出二阶偏导数 $f_{xx}(x,y), f_{xy}(x,y), f_{yy}(x,y)$，并对每一驻点分别求出二阶偏导数的值 A,B,C.

第三步 对每一驻点 (x_0,y_0)，判断 B^2-AC 的符号，当 $B^2-AC\neq0$ 时，可按定理2的结论判定 $f(x_0,y_0)$ 是否为极值，是极大值还是极小值. 当 $B^2-AC=0$ 时，此法失效.

第四步　计算存在的极值.

例1　求函数 $f(x,y)=x^3+8y^3-6xy+5$ 的极值.

解　求方程组 $\begin{cases} f_x(x,y)=3x^2-6y=0 \\ f_y(x,y)=24y^2-6x=0 \end{cases}$ 的一切实数解,求得驻点为 $(0,0)$ 及 $\left(1,\dfrac{1}{2}\right)$. 求函数 $f(x,y)$ 的二阶偏导数: $f_{xx}(x,y)=6x,f_{xy}(x,y)=-6,f_{yy}(x,y)=48y$.

在点 $(0,0)$ 处,有 $A=0,B=-6,C=0,B^2-AC=36>0$,由极值的充分条件,知 $f(x,y)$ 在 $(0,0)$ 没有极值.

在点 $\left(1,\dfrac{1}{2}\right)$ 处,有 $A=6,B=-6,C=24,B^2-AC=-108<0$,而 $A=6>0$,由极值的充分条件知 $f\left(1,\dfrac{1}{2}\right)=4$ 是函数的极小值.

求函数的最大值和最小值,是在实践中常常遇到的问题. 我们已经知道,在有界闭区域上连续的函数,在该区域上一定有最大值或最小值,而取得最大值或最小值的点既可能是区域内部的点,也可能是区域边界上的点. 对于在有界闭区域上连续,且在该区域内可微的函数,如果函数在区域内部取得最大值或最小值,则这个最大值或最小值必定是函数的极值. 由此可得到求函数最大值和最小值的一般方法:先求出函数在有界闭区域内的所有驻点处的函数值及函数在该区域边界上的最大值和最小值,然后比较这些函数值的大小,其中最大者就是最大值,最小者就是最小值.

在通常遇到的实际问题中,根据问题的性质,往往可以判定函数的最大值或最小值一定在区域内部取得. 此时,如果函数在区域内有唯一的驻点,那么就可以断定该驻点处的函数值,就是函数在该区域上的最大值或最小值.

例2　要做一个容积为 $8\ \mathrm{m}^3$ 的有盖长方体箱子,问箱子各边的尺寸多大时,所用材料最省?

解　设箱子长、宽分别为 x,y,z(单位:m),则高 $z=\dfrac{8}{xy}$. 箱子所用材料的表面积为

$$S=2\left(xy+y\cdot\frac{8}{xy}+x\cdot\frac{8}{xy}\right)=2\left(xy+\frac{8}{x}+\frac{8}{y}\right)\quad(x>0,y>0).$$

当面积 S 最小时,所用材料最省. 为此求函数 $S(x,y)$ 的驻点,

$$\begin{cases} \dfrac{\partial S}{\partial x}=2\left(y-\dfrac{8}{x^2}\right)=0 \\ \dfrac{\partial S}{\partial y}=2\left(x-\dfrac{8}{y^2}\right)=0 \end{cases},$$

解这个方程组,得唯一驻点 $(2,2)$.

根据实际问题可以断定,S 一定存在最小值且在区域 $D=\{(x,y)\,|\,x>0,y>0\}$ 内取得. 而在区域 D 内只有唯一驻点 $(2,2)$,则该点就是其最小值点,即当长 $x=2\ \mathrm{m}$,宽 $y=2\ \mathrm{m}$,高 $z=\dfrac{8}{xy}=2\ \mathrm{m}$ 时,所用的材料最省.

从这个例子还可看出,在体积一定的长方体中,以立方体的表面积为最小.

例3　设某工厂生产两种产品 A,B,D_1,D_2 分别为产品 A,B 的需求量,而它们的需求函数为 $D_1=8-P_1+2P_2,D_2=10+2P_1-5P_2$,总成本函数为 $C=3D_1+2D_2$,其中 P_1,P_2 分

别是产品 A,B 的价格(单位:万元). 问价格 P_1,P_2 分别取何值时可使利润最大? 最大利润为多少?

解　总收益为 $R=P_1D_1+P_2D_2=P_1(8-P_1+2P_2)+P_2(10+2P_1-5P_2)$.

总利润为 $L=R-C=(P_1-3)(8-P_1+2P_2)+(P_2-2)(10+2P_1-5P_2)$.

利润 L 是价格 P_1,P_2 的二元函数. 解方程组

$$\begin{cases} \dfrac{\partial L}{\partial P_1}=7-2P_1+4P_2=0 \\ \dfrac{\partial L}{\partial P_2}=14+4P_1-10P_2=0 \end{cases}$$

得 $P_1=\dfrac{63}{2},P_2=14$,即得唯一驻点 $\left(\dfrac{63}{2},14\right)$.

由题意知最大利润存在,且驻点唯一,所以利润 L 在唯一驻点 $\left(\dfrac{63}{2},14\right)$ 处取得最大值,即当产品 A,B 价格分别为 $\dfrac{63}{2}$(万元)与 14(万元)时可获得最大利润,最大利润值为

$$L=R-C=\left(\dfrac{63}{2}-3\right)\left(8-\dfrac{63}{2}+2\times14\right)+(14-2)\left(10+2\times\dfrac{63}{2}-5\times14\right)$$
$$=164.25(万元).$$

二、条件极值

前面讨论的函数极值问题,除了对自变量限制在其定义域内并没有其他的限制条件,所以也称为**无条件极值**. 但在有些实际问题中,常常会遇到对函数的自变量还有约束条件的极值问题. 例如,前面的例2(有盖长方体箱问题),就是求函数

$$f(x,y,z)=2(xy+yz+xz)$$

在定义域 $D=\{(x,y,z)\,|\,x>0,y>0,z>0\}$ 中满足约束条件 $xyz=8$ 的极值问题. 像这种对自变量有约束条件的极值问题称为**条件极值**.

有些条件极值可以化为无条件极值问题来处理. 例如前面例2中,从 $xyz=8$ 解出 $z=\dfrac{8}{xy}$,代入 $f(x,y,z)=2(xy+yz+xz)$ 中,于是问题转化为求

$$S=2\left(xy+y\cdot\dfrac{8}{xy}+x\cdot\dfrac{8}{xy}\right)$$

的无条件极值.

但是,在很多情形下,将条件极值转化为无条件极值往往是不可能的,或者很困难. 为此下面介绍直接求条件极值的方法,该方法称为**拉格朗日乘数法**.

拉格朗日乘数法　求函数 $u=f(x,y)$ 在约束条件 $\varphi(x,y)=0$ 下的可能极值点,按以下方法进行:

第一步　构造辅助函数 $F(x,y,\lambda)=f(x,y)+\lambda\varphi(x,y)$,称为**拉格朗日函数**,参数 λ 称为**拉格朗日乘子**.

第二步　求 $F(x,y,\lambda)$ 对 x,y,λ 的偏导数,建立以下方程组

$$\begin{cases} F_x(x,y,\lambda)=f_x(x,y)+\lambda\varphi_x(x,y)=0 \\ F_y(x,y,\lambda)=f_y(x,y)+\lambda\varphi_y(x,y)=0, \\ F_\lambda(x,y,\lambda)=\varphi(x,y)=0 \end{cases}$$

解上面方程组求得 x,y 及 λ,则 (x,y) 就是可能的极值点.

第三步　确定第二步求出的驻点是否是极值点,对于实际问题,通常可以根据问题本身的性质来确定.

这个方法的证明从略.

此外,拉格朗日乘数法对于多于两个自变量的函数,或约束条件多于一个的情形也有类似的结果. 例如求函数 $u=f(x,y,z)$ 在条件 $\varphi(x,y,z)=0,\psi(x,y,z)=0$ 下的极值.

构造辅助函数

$$F(x,y,z,\lambda_1,\lambda_2)=f(x,y,z)+\lambda_1\varphi(x,y,z)+\lambda_2\psi(x,y,z),$$

求函数 $F(x,y,z,\lambda_1,\lambda_2)$ 的一阶偏导数,并令其为零,得联立方程组,求解方程组得出的点 (x,y,z) 就是可能的极值点.

例 4　求表面积为 $2a$,体积最大的长方体的体积.

解　设长方体的长、宽、高分别为 x,y,z,体积为 V. 依题意有 $2xy+2yz+2xz=2a$,即 $xy+yz+xz-a=0$.

从而问题就是在约束条件 $\varphi(x,y,z)=xy+yz+xz-a=0$ 下,求函数 $V=xyz$($x>0$,$y>0,z>0$)的最大值.

作拉格朗日函数 $F(x,y,\lambda)=xyz+\lambda(xy+yz+xz-a)$,求其对 x,y,z,λ 的偏导数,并使之为零,得到

$$\begin{cases} F_x=yz+\lambda(y+z)=0 \\ F_y=xz+\lambda(x+z)=0 \\ F_z=xy+\lambda(x+y)=0 \\ F_\lambda=xy+yz+xz-a=0 \end{cases}$$

由上式可得

$$\frac{yz}{y+z}=\frac{xz}{x+z}=\frac{xy}{x+y}=-\lambda,\ xy+yz+xz=a,$$

从而

$$x=y=z,3x^2=a,$$

解得

$$x=y=z=\frac{\sqrt{3a}}{3}.$$

这是唯一可能的极值点. 又由问题本身可知最大值一定存在,所以该极值点为最大值点,且最大值为:

$$V=\left(\frac{\sqrt{3}}{3}\sqrt{a}\right)^3=\frac{a}{9}\sqrt{3a}.$$

例 5 某牧场出售牛排和牛皮两种产品,假定它们是固定比例的关联产品,每头牛可以提供两片牛排和一张牛皮.牛排和牛皮的需求函数分别为

$$P_1=110-2Q_1,P_2=140-Q_2,$$

其中,P_1,P_2 分别为牛排和牛皮的价格,Q_1,Q_2 分别为牛排和牛皮的需求量.联合总成本函数为

$$C(Q_1,Q_2)=Q_1^2+2Q_1Q_2+Q_2^2+200.$$

问牛排和牛皮的价格各定为多少时,总利润最大? 此时,屠宰量是多少?

解 总利润函数为

$$L(Q_1,Q_2)=R(Q_1,Q_2)-C(Q_1,Q_2),$$

其中, $R(Q_1,Q_2)=P_1Q_1+P_2Q_2,C(Q_1,Q_2)=Q_1^2+2Q_1Q_2+Q_2^2+200.$

代入后得

$$L(Q_1,Q_2)=110Q_1+140Q_2-3Q_1^2-2Q_1Q_2-2Q_2^2-200,$$

约束条件为 $Q_1=2Q_2$,即

$$\varphi(Q_1,Q_2)=Q_1-2Q_2=0,$$

作拉格朗日函数:

$$F(Q_1,Q_2,\lambda)=110Q_1+140Q_2-3Q_1^2-2Q_1Q_2-2Q_2^2-200+\lambda(Q_1-2Q_2).$$

令

$$\begin{cases} F_{Q_1}=110-6Q_1-2Q_2+\lambda=0 \\ F_{Q_2}=140-2Q_1-4Q_2-2\lambda=0. \\ \quad F_\lambda=Q_1-2Q_2=0 \end{cases}$$

解得唯一稳定点,$Q_1=20,Q_2=10$. 此时总利润最大.

牛排定价为 $P_1=110-40=70$,牛皮的定价为 $P_2=140-10=130$. 最大利润为 $L(20,10)=1\ 600$.

例 6 设销售额 R 与花费在电视广告宣传上的费用 x 千元及报纸广告宣传上的费用 y 千元之间的函数关系为

$$R=R(x,y)=\frac{200x}{5+x}+\frac{100y}{10+y},$$

净利润为销售额的 $\frac{1}{5}$ 减去广告费用 25 千元. 试确定应如何分配两种不同的广告费用可使净利润最大.

解 由题意知利润函数

$$L(x,y)=\frac{1}{5}R-25=\frac{1}{5}\left(\frac{200x}{5+x}+\frac{100y}{10+y}\right)-25,$$

约束条件为

$$\varphi(x,y)=x+y-25,$$

作拉格朗日函数：

$$F(x,y,\lambda)=L(x,y)+\lambda(x+y-25).$$

令

$$\begin{cases} F_x=\dfrac{200}{(5+x)^2}+\lambda=0 \\[2mm] F_y=\dfrac{200}{(10+y)^2}+\lambda=0, \\[2mm] F_\lambda=x+y-25=0 \end{cases}$$

解得稳定点为 $\left(15,10,-\dfrac{1}{2}\right)$，即当电视广告和报纸广告投入分别为 15 千元和 10 千元时，可使总利润最大，总利润最大为 15 千元.

习题 8-6

1. 求函数 $f(x,y)=xy(2-x-y)$ 的极值.

2. 求函数 $f(x,y)=e^{2x}(x+2y+y^2)$ 的极值.

3. 求函数 $f(x,y)=x^3+y^3-3x^2-3y^2$ 的极值.

4. 求函数 $z=xy$ 在约束条件 $x+y=1$ 下的极大值.

5. 在 Oxy 面上求一点 $P(x,y)$，使得它到三个点 $P_1(0,0),P_2(1,0),P_3(0,1)$ 距离的平方和最小并求最小值.

6. 求内接于半径为 a 的球且有最大体积的长方体.

7. 求抛物线 $y=x^2$ 与直线 $x+y+2=0$ 之间的最短距离.

8. 假设某企业在两个相互分割的市场上出售同一种产品，两个市场的需求函数分别是

$$D_1=9-\frac{1}{2}P_1,\ D_2=12-P_2,$$

其中 P_1,P_2 分别表示该产品在两个市场的价格（单位：万元/吨），D_1,D_2 分别表示该产品在两个市场的销售量（即需求量单位：吨），并且该企业生产这种产品的总成本函数是

$$C=2Q+5,$$

其中 Q 表示该产品在两个市场的销售总量，即 $Q=D_1+D_2$.

（1）如果该企业实行价格差别策略，试确定两个市场上该产品的销售量和价格，使该企业获得最大利润；

（2）如果该企业实行价格无差别策略，试确定两个市场上该产品销售量及其统一的价格，使该企业的总利润最大化，并比较两种价格策略下的总利润大小.

复习题 8

一、选择题

1. 若函数 $f(x, y)$ 在点 $P(x, y)$ 处(   ),则 $f(x, y)$ 在该点处可微.

   A. 连续　　　　　　　　　　　　B. 偏导数存在

   C. 连续且偏导数存在　　　　　　D. 某邻域内存在连续的偏导数

2. 设 $x = \ln \dfrac{z}{y}$,则 $\dfrac{\partial z}{\partial x} = ($ $)$.

   A. 1　　　　　　B. e^x　　　　　　C. ye^x　　　　　　D. y

3. 对函数 $f(x, y) = xy$,点 $(0, 0)$(   ).

   A. 不是驻点　　　　　　　　　　B. 是驻点但非极值点

   C. 是极大值点　　　　　　　　　D. 是极小值点

4. 二元函数 $z = 5 - x^2 - y^2$ 的极大值点是(   ).

   A. $(1, 0)$　　　B. $(0, 1)$　　　C. $(0, 0)$　　　D. $(1, 1)$

5. 设 $z = 2x^2 + 3xy - y^2$,则 $\dfrac{\partial^2 z}{\partial x \partial y} = ($ $)$.

   A. 6　　　　　　B. 3　　　　　　C. -2　　　　　　D. 2

二、填空题

1. 函数 $z = \sqrt{xy} + \ln(x - y)$ 的定义域为 _____.

2. 设 $z = (1 + x)^{xy}$,则 $\dfrac{\partial z}{\partial x} = $ _____,$\dfrac{\partial z}{\partial y} = $ _____.

3. 设 $z = z(x, y)$ 由方程 $y_z + x^2 + z = 0$ 所确定,则 $dz = $ _____.

4. 设 $z = f(x, y)$ 由方程 $e^{xy} - \arctan z + xyz = 0$ 确定,则 $\dfrac{\partial z}{\partial x} = $ _____.

三、计算题

1. 设 $z = e^{xy} + yx^2 + \ln \dfrac{y}{x}$,求 $\dfrac{\partial z}{\partial x}, \dfrac{\partial z}{\partial y}$.

2. 设 $z = u^2 \ln v, u = \dfrac{y}{x}, v = 3x - 2y$,求 $\dfrac{\partial z}{\partial x}, \dfrac{\partial z}{\partial y}$.

3. 设 $z = \dfrac{x + y}{x - y}$,求 dz.

4. 设 $z = \arcsin(xy)$,求 $\dfrac{\partial^2 z}{\partial x \partial y}$.

5. 已知 $z = 4(x - y) - x^2 - y^2$,求函数 z 的极值.

第九章 二重积分

定积分有很多重要的应用,如求平面图形的面积、旋转体的体积等问题. 由于定积分的被积函数是一元函数,积分区间是直线上的区间就限制了定积分在更大范围内的应用. 而大量的实际应用问题涉及多元函数,因此,有必要研究多元函数的积分学. 将定积分中的被积函数推广成二元函数,积分区间推广到平面区域,相应地就有了二重积分. 本节将介绍二重积分的概念、性质及计算方法.

第一节 二重积分的概念及性质

和定积分一样,重积分的概念也是从实际应用问题中抽象出来的,其思想方法可以说和定积分完全一致,下面由两个实际例子抽象出二重积分的概念.

一、两个引例

1. 曲顶柱体的体积

设 $z=f(x,y)$ 是定义在有界闭区域 D 的非负连续函数. 以 D 为底,空间曲面 $z=f(x,y)$ 为顶,以 D 的边界曲线为准线而母线平行于 z 轴的柱面为侧面所围成的几何体称为**曲顶柱体**(如图 9-1).下面来求该曲顶柱体的体积 V.

由几何学知平顶柱体的体积公式是:

$$体积＝底面积×高.$$

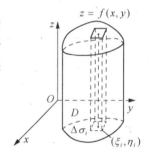

图 9-1

而对于曲顶柱体而言,高 $f(x,y)$ 是变化的,它的体积不能直接用上面平顶柱体的体积公式计算. 但可以仿照曲边梯形的面积采用的"分割"、"近似"、"求和"、"取极限"的方法来求解,步骤如下:

第一步 "分割".

将区域 D 任意分割成 n 个小闭区域 $\Delta\sigma_1,\Delta\sigma_2,\cdots,\Delta\sigma_n$,相应地把整个曲顶柱体分割成了 n 个以 $\Delta\sigma_i$ 为底面,母线平行于 z 轴的小曲顶柱体,其体积记为 $\Delta V_1,\Delta V_2,\cdots,\Delta V_n$. 为方便起见,仍然用 $\Delta\sigma_i$ 表示小区域 $\Delta\sigma_i$ 的面积.

第二步 "近似".

在每个小区域 $\Delta\sigma_i(i=1,2,\cdots,n)$ 上任取一点 $(\xi_i,\eta_i)\in\Delta\sigma_i$,可得高为 $f(\xi_i,\eta_i)$,底为 $\Delta\sigma_i$ 的小平顶柱体,其体积为 $f(\xi_i,\eta_i)\Delta\sigma_i$. 由于 $f(x,y)$ 是连续的,在分割相当细,$\Delta\sigma_i$ 充分小时,各点高度变化不大,对应小曲顶柱体近似可以看作是平顶柱体,于是小曲顶柱体 ΔV_i 的近似值为小平顶柱体的体积,即

$$\Delta V_i\approx f(\xi_i,\eta_i)\Delta\sigma_i(i=1,2,\cdots,n),$$

第三步 "求和".

把这些小曲顶柱体体积的近似值 $f(\xi_i,\eta_i)\Delta\sigma_i$ 加起来，即得曲顶柱体体积 V 的近似值

$$V \approx \sum_{i=1}^{n} f(\xi_i,\eta_i)\Delta\sigma_i, \tag{1}$$

分割越细，$\sum\limits_{i=1}^{n} f(\xi_i,\eta_i)\Delta\sigma_i$ 就越接近于 V 的值，要得到 V 的精确值，就需要取极限.

第四步 "取极限".

设 λ_i 表示小区域 $\Delta\sigma_i(i=1,2,\cdots,n)$ 的直径（指区域上任意两点间距离最大者），记 $\lambda=\max\{\lambda_1,\lambda_2,\cdots,\lambda_n\}$，令 $\lambda\to0$，对和式（1）取极限，于是所求几何体的体积 V 为：

$$V = \lim_{\lambda\to0}\sum_{i=1}^{n} f(\xi_i,\eta_i)\Delta\sigma_i. \tag{2}$$

2. 平面薄片的质量

一非均匀分布的平面薄片所占的平面区域为 D，已知它在任意一点 $(x,y)\in D$ 的面密度为 $\rho(x,y)$（面密度指单位面积上的质量），求该物质薄板的质量 M，其中 $\rho(x,y)>0$ 且在 D 上连续.

由物理学知，均匀分布的薄片的质量为：

质量＝面密度×薄片面积.

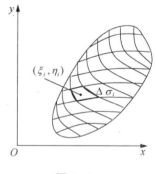

图 9-2

而对于非均匀分布的平面薄片而言，面密度 $\rho(x,y)$ 是变化的，它的质量不能直接用上面的公式计算. 类似于求曲顶柱体的体积，也分可分四个步骤进行.

第一步 "分割".

将薄片所占区域 D 任意分割成 n 个小闭区域（或薄片）$\Delta\sigma_1$，$\Delta\sigma_2,\cdots,\Delta\sigma_n$ 并且仍然用 $\Delta\sigma_i$ 表示小闭区域 $\Delta\sigma_i(i=1,2,\cdots,n)$ 的面积.

第二步 "近似".

在每个小区域 $\Delta\sigma_i(i=1,2,\cdots,n)$ 上任取一点 $(\xi_i,\eta_i)\in\Delta\sigma_i$，由于 $\rho(x,y)$ 是连续的，在分割相当细，$\Delta\sigma_i$ 充分小时，各点的密度变化不大，对应小薄片近似可以看作均匀分布的，其密度为 $\rho(\xi_i,\eta_i)$. 于是小薄片 $\Delta\sigma_i$ 的质量 ΔM_i 的近似值为

$$\Delta M_i \approx \rho(\xi_i,\eta_i)\Delta\sigma_i(i=1,2,\cdots,n).$$

第三步 "求和".

把这些小薄片质量的近似值 $\rho(\xi_i,\eta_i)\Delta\sigma_i$ 加起来，即得薄片的质量 M 的近似值

$$M \approx \sum_{i=1}^{n}\rho(\xi_i,\eta_i)\Delta\sigma_i. \tag{3}$$

分割越细，$\sum\limits_{i=1}^{n}\rho(\xi_i,\eta_i)\Delta\sigma_i$ 的值就越接近于 M 的值，要得到 M 的精确值，就需要取极限.

第四步 "取极限".

令 λ 为 n 个小闭区域的直径的最大值，则当 $\lambda\to0$ 时，和式（3）的极限就是所求薄片的质

量 M,即

$$M = \lim_{\lambda \to 0} \sum_{i=1}^{n} \rho(\xi_i, \eta_i) \Delta \sigma_i. \tag{4}$$

二、二重积分的定义

上面两个例子的实际意义虽然不同,但都是通过"分割"、"近似"、"求和"、"取极限"的方法,将所求量归结为一个具有相同结构形式的和式的极限. 在实际应用中还有许多类似的例子. 现在抛开这些问题的具体意义,抓住它们在数量关系上共同的本质特征,就可以抽象出下述的二重积分的定义.

定义 设 $f(x,y)$ 在有界闭区域 D 上有界、连续,将闭区域 D 任意分割成 n 个小闭区域 $\Delta\sigma_1, \Delta\sigma_2, \cdots, \Delta\sigma_n$. 为方便起见,仍然用 $\Delta\sigma_i$ 表示小区域 $\Delta\sigma_i$ 的面积. 在每个小区域 $\Delta\sigma_i$ 上任取一点 $(\xi_i, \eta_i) \in \Delta\sigma_i$,作乘积 $f(\xi_i, \eta_i)\Delta\sigma_i$,将这些积加起来,得和式

$$\sum_{i=1}^{n} f(\xi_i, \eta_i)\Delta\sigma_i.$$

如果当各小闭区域的直径中的最大值 λ 趋于零时,极限

$$\lim_{\lambda \to 0} \sum_{i=1}^{n} f(\xi_i, \eta_i)\Delta\sigma_i$$

总存在,且极限值与区域的分法和点 (ξ_i, η_i) 的选取无关,则称此极限为函数 $f(x,y)$ 在闭区域 D 上的**二重积分**,记作 $\iint\limits_{D} f(x,y)\mathrm{d}\sigma$,即

$$\iint\limits_{D} f(x,y)\mathrm{d}\sigma = \lim_{\lambda \to 0} \sum_{i=1}^{n} f(\xi_i, \eta_i)\Delta\sigma_i, \tag{5}$$

其中 D 称为**积分区域**,$f(x,y)$ 称为**被积函数**,$\mathrm{d}\sigma$ 称为**面积元素**,x 和 y 称为**积分变量**,$f(x, y)\mathrm{d}\sigma$ 称为**被积表达式**,$\sum\limits_{i=1}^{n} f(\xi_i, \eta_i)\Delta\sigma_i$ 称为**积分和**.

在二重积分的定义中,对闭区域 D 的分割是任意的,如果在直角坐标下中用平行于坐标轴的直线网来分割 D,那么除了包含边界点的一些小闭区域(可以证明在求和的极限时,这些小区域对应的项的和的极限为零,因此,这些小区域可以略去不记)外,其余的小闭区域都是矩形区域. 设矩形闭区域 $\Delta\sigma_i$ 的边长为 Δx_j 和 Δy_k,则 $\Delta\sigma_i = \Delta x_j \cdot \Delta y_k$. 因此,在直角坐标系中,有时又把面积元素 $\mathrm{d}\sigma$ 记作 $\mathrm{d}x\mathrm{d}y$,而把二重积分记作

$$\iint\limits_{D} f(x,y)\mathrm{d}x\mathrm{d}y.$$

可以证明,如果函数 $f(x,y)$ 在有界闭区域 D 上连续,则二重积分必定存在. 本书均假定函数 $f(x,y)$ 在有界闭区域 D 上连续,从而 $f(x,y)$ 在 D 上的二重积分都存在.

由二重积分的定义可知,引例1中曲顶柱体的体积是函数 $f(x,y)$ 在底 D 上的二重积分

$$V = \iint\limits_{D} f(x, y) \mathrm{d}\sigma.$$

引例 2 中平面薄片的质量是它的面密度 $\rho(x, y)$ 在薄片所占区域 D 上的二重积分

$$M = \iint\limits_{D} \rho(x, y) \mathrm{d}\sigma.$$

三、二重积分的几何意义

如果在区域 D 上 $f(x, y) \geqslant 0$,二重积分 $\iint\limits_{D} f(x, y) \mathrm{d}\sigma$ 的几何意义是以曲面 $z = f(x, y)$ 为顶,区域 D 为底的曲顶柱体体积;如果区域 D 上 $f(x, y) \leqslant 0$,相应的曲顶柱体在 xOy 面的下方,二重积分 $\iint\limits_{D} f(x, y) \mathrm{d}\sigma$ 表示该曲顶柱体体积的负值;如果在区域 D 上 $f(x, y)$ 有正有负,则二重积分 $\iint\limits_{D} f(x, y) \mathrm{d}\sigma$ 的值就等于 xOy 面上方的曲顶柱体的体积值与 xOy 面下方的曲顶柱体的体积值的相反数的代数和.

四、二重积分的性质

比较二重积分与定积分的定义,不难得出二重积分类似的性质,下面不加证明地直接予以叙述.

性质 1 被积函数的常数因子可以提到二重积分号的外面,即

$$\iint\limits_{D} kf(x, y) \mathrm{d}\sigma = k \iint\limits_{D} f(x, y) \mathrm{d}\sigma \ (k \text{ 为常数}).$$

性质 2 函数的和(差)的二重积分等于各函数的二重积分的和(差),即

$$\iint\limits_{D} [f(x, y) \pm g(x, y)] \mathrm{d}\sigma = \iint\limits_{D} f(x, y) \mathrm{d}\sigma \pm \iint\limits_{D} g(x, y) \mathrm{d}\sigma.$$

性质 3 若闭区域 D 被有限条曲线分为有限个闭区域,则 $f(x, y)$ 在区域 D 上的二重积分等于各部分闭区域上的二重积分的和. 例如,D 分为两个闭区域 D_1 与 D_2,那么

$$\iint\limits_{D} f(x, y) \mathrm{d}\sigma = \iint\limits_{D_1} f(x, y) \mathrm{d}\sigma + \iint\limits_{D_2} f(x, y) \mathrm{d}\sigma.$$

这个性质表明二重积分对积分区域具有**可加性**.

性质 4 若在区域 D 上,$f(x, y) = 1$,σ 为 D 的面积,则

$$\iint\limits_{D} f(x, y) \mathrm{d}\sigma = \iint\limits_{D} 1 \cdot \mathrm{d}\sigma = \sigma.$$

性质 4 的几何意义是:高为 1 的平顶柱体的体积在数值上等于柱体的底面积 σ.

性质 5 若在区域 D 上,$f(x, y) \leqslant g(x, y)$,则有

$$\iint_D f(x,y)\mathrm{d}\sigma \leqslant \iint_D g(x,y)\mathrm{d}\sigma.$$

推论 1 若在区域 D 上，$f(x,y) \geqslant 0$，则

$$\iint_D f(x,y)\mathrm{d}\sigma \geqslant 0.$$

推论 2 $\left| \iint_D f(x,y)\mathrm{d}\sigma \right| \leqslant \iint_D |f(x,y)|\,\mathrm{d}\sigma.$

性质 6（估值不等式） 设 M,m 分别是 $f(x,y)$ 在闭区域 D 上的最大值和最小值，σ 为 D 的面积，则有

$$m\sigma \leqslant \iint_D f(x,y)\mathrm{d}\sigma \leqslant M\sigma.$$

性质 7（二重积分的中值定理） 若 $f(x,y)$ 在闭区域 D 上连续，则至少存在一点 $(\xi,\eta) \in D$，使得

$$\iint_D f(x,y)\mathrm{d}\sigma = f(\xi,\eta)\sigma \quad (\sigma \text{ 为 } D \text{ 的面积}).$$

二重积分的中值定理的几何意义是：对曲顶为连续曲面 $z = f(x,y)\,((x,y) \in D)$ 的曲顶柱体 Ω，其体积必与一个同底的平顶柱体的体积相等，该平顶柱体的高为

$$f(\xi,\eta) = \frac{1}{\sigma}\iint_D f(x,y)\mathrm{d}\sigma \quad ((\xi,\eta) \in D),$$

称为曲顶柱体 Ω 的平均高度或 $z = f(x,y)$ 在有界闭区域 D 上的**平均值**.

例 1 比较 $\iint_D \ln(x+y)\mathrm{d}\sigma$ 与 $\iint_D [\ln(x+y)]^2\mathrm{d}\sigma$ 的大小，其中积分区域 D 是由直线 $x = 1$，$x+y = 2$ 与 x 轴所围成.

解 积分区域 D 如图 9-3 阴影部分所示.

因为在区域 D 中，$x+y \leqslant 2$.
又由 $x \geqslant 1$，且 $y \geqslant 0$，知 $x+y \geqslant 1$，
所以 $\qquad\qquad 1 \leqslant x+y \leqslant 2$，
从而 $\qquad\qquad 0 \leqslant \ln(x+y) \leqslant \ln 2 < 1$.
故在区域 D 上，有

$$[\ln(x+y)]^2 \leqslant \ln(x+y),$$

由性质 5，知

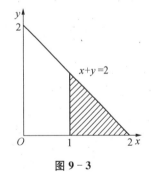

图 9-3

$$\iint_D \ln(x+y)\mathrm{d}\sigma \geqslant \iint_D [\ln(x+y)]^2\mathrm{d}\sigma.$$

例 2 试估计二重积分 $I = \iint_D \sqrt[3]{1+x^2+y^2}\,\mathrm{d}\sigma$ 的值，其中积分区域 D 是由圆周 $x^2 + y^2 \leqslant 26$ 所围成.

解 因为在区域 D 上任一点 (x, y) 处,有

$$1 \leqslant \sqrt[3]{1+x^2+y^2} \leqslant 3,$$

且区域 D 的面积为 26π,所以由性质 6,得

$$26\pi \leqslant \iint\limits_D \sqrt[3]{1+x^2+y^2} \, \mathrm{d}\sigma \leqslant 78\pi,$$

即

$$26\pi \leqslant I \leqslant 78\pi.$$

习题 9-1

1. 填空题:

(1) 一母线平行于 z 轴的曲顶柱体的曲顶为 $z = x^2 + y^2$,底为圆域: $x^2 + y^2 \leqslant 4$,则该曲顶柱体的体积可用二重积分表示为_____.

(2) 设有一平面薄片,占有 xOy 面上的闭区域 D. 如果该薄片上分布有面密度为 $\mu(x, y)$ 的电荷,且 $\mu(x, y)$ 在 D 上连续,则该薄片上的全部电荷 Q 用二重积分可表示为_____.

(3) 由二重积分的几何意义, $\iint\limits_D \mathrm{d}\sigma = $ _____,其中积分区域由圆周 $x^2 + y^2 \leqslant R^2$ 所围成.

(4) 由二重积分的几何意义, $\iint\limits_D \sqrt{16 - x^2 - y^2} \, \mathrm{d}\sigma = $ _____,其中积分区域由圆周 $x^2 + y^2 \leqslant 16$ 所围成.

(5) 根据二重积分的性质,比较大小 $\iint\limits_D (x+y)^2 \, \mathrm{d}\sigma$ _____ $\iint\limits_D (x+y)^3 \, \mathrm{d}\sigma$,其中积分区域 D 由三条直线 $x = 1, y = 1$ 与 $x + y = 1$ 所围成.

2. 根据二重积分的性质,估计下列二重积分的值.

(1) $I = \iint\limits_D (1+2xy) \, \mathrm{d}\sigma$,其中 $D = \{(x,y) \mid 0 \leqslant x \leqslant 2, 0 \leqslant y \leqslant 1\}$;

(2) $I = \iint\limits_D \dfrac{1}{100 + \cos^2 x + \cos^2 y} \, \mathrm{d}\sigma$,其中 D 由直线 $x + y = \pm 10, x - y = \pm 10$ 所围成;

(3) $I = \iint\limits_D (x^2 + 4y^2 + 9) \, \mathrm{d}\sigma$,其中 $D = \{(x,y) \mid x^2 + y^2 \leqslant 4\}$;

(4) $\iint\limits_D (x + y + 10) \, \mathrm{d}\sigma$,其中 D 是圆周 $x^2 + y^2 \leqslant 4$ 所围成.

第二节 二重积分的计算

直接利用二重积分的定义计算二重积分通常是非常困难的,有时甚至是不可能的. 因此,必须找到切实可行的计算方法. 由于一元函数积分学中定积分的计算我们已经比较熟悉,所以计算二重积分的基本思想是将其转化为**两次定积分**(即**累次积分**或**二次积分**),然后

按照定积分的计算方法来进行.

一、利用直角坐标计算二重积分

为了便于计算,将平面区域进行适当的分类,分别称为 X-型区域和 Y-型区域.

若积分区域 D 可以表示为

$$a \leqslant x \leqslant b, \varphi_1(x) \leqslant y \leqslant \varphi_2(x),$$

其中函数 $\varphi_1(x), \varphi_2(x)$ 在区间 $[a,b]$ 上连续,这种区域称为 X-**型区域**(如图 9-4). 其特点是:穿过区域内部且平行于 y 轴的直线与该区域的边界相交不多于两个交点.

若积分区域 D 可以表示为

$$c \leqslant y \leqslant d, \psi_1(y) \leqslant x \leqslant \psi_2(y),$$

其中函数 $\psi_1(y), \psi_2(y)$ 在区间 $[c,d]$ 上连续,这种区域称为 Y-**型区域**(如图 9-5). 其特点是:穿过区域内部且平行于 x 轴的直线与该区域的边界相交不多于两个交点.

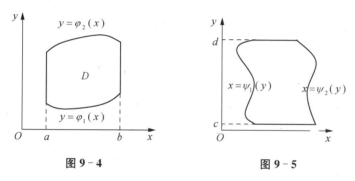

图 9-4　　　　　　　图 9-5

定理　设函数 $f(x,y)$ 在有界闭区域 D 上连续.

(1) 若 D 为 X-型区域,即

$$D: a \leqslant x \leqslant b, \varphi_1(x) \leqslant y \leqslant \varphi_2(x),$$

其中 $\varphi_1(x), \varphi_2(x)$ 在区间 $[a,b]$ 上连续,则

$$\iint\limits_{D} f(x,y) \mathrm{d}x\mathrm{d}y = \int_a^b \left[\int_{\varphi_1(x)}^{\varphi_2(x)} f(x,y) \ \mathrm{d}y \right] \mathrm{d}x$$

$$= \int_a^b \mathrm{d}x \int_{\varphi_1(x)}^{\varphi_2(x)} f(x,y) \mathrm{d}y. \tag{1}$$

(2) 若 D 为 Y-型区域,即

$$D: c \leqslant y \leqslant d, \psi_1(y) \leqslant x \leqslant \psi_2(y),$$

其中 $\psi_1(y), \psi_2(y)$ 在区间 $[c,d]$ 上连续,则

$$\iint\limits_{D} f(x,y) \mathrm{d}x\mathrm{d}y = \int_c^d \left[\int_{\psi_1(y)}^{\psi_2(y)} f(x,y) \ \mathrm{d}x \right] \mathrm{d}y$$

$$= \int_c^d \mathrm{d}y \int_{\psi_1(y)}^{\psi_2(y)} f(x,y) \ \mathrm{d}x. \tag{2}$$

证明　下证情形（1）中的（1）式．设函数 $f(x,y) \geqslant 0$．

一方面，由二重积分的几何意义，二重积分 $\iint\limits_{D} f(x,y)\mathrm{d}x\mathrm{d}y$ 的值等于以 D 为底，曲面 $z = f(x,y)$ 为顶的曲顶柱体的体积 V，即

$$\iint\limits_{D} f(x,y)\mathrm{d}x\mathrm{d}y = V. \tag{3}$$

另一方面，按照用定积分求体积的思路求解曲顶柱体的体积 V．先求截面面积，在区间 $[a,b]$ 任取一点 x_0，过点 x_0 作垂直于 x 轴的平面 $x = x_0$．该平面截曲顶柱体所得的截面是一个曲边梯形（如图 9-6），由定积分的几何意义知此曲边梯形的面积为

$$A(x_0) = \int_{\varphi_1(x_0)}^{\varphi_2(x_0)} f(x_0,y)\,\mathrm{d}y.$$

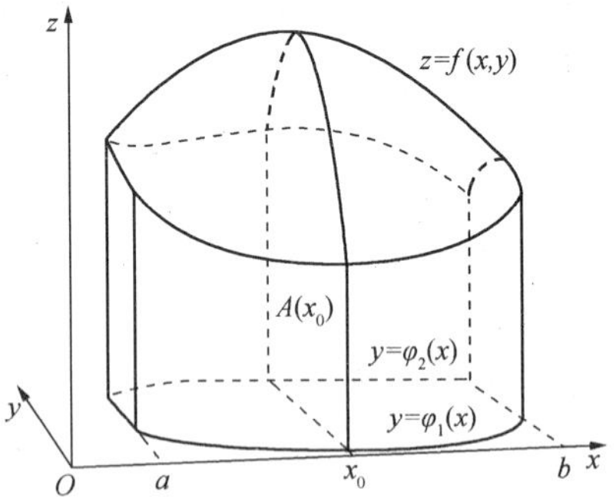

一般地，过区间 $[a,b]$ 上任一点 x 且垂直于 x 轴的平面截曲顶柱体所得截面面积为

$$A(x) = \int_{\varphi_1(x)}^{\varphi_2(x)} f(x,y)\,\mathrm{d}y,$$

图 9-6

于是，应用计算平行截面面积已知的立体的体积的方法，得曲顶柱体的体积为

$$V = \int_a^b A(x)\,\mathrm{d}x = \int_a^b \left[\int_{\varphi_1(x)}^{\varphi_2(x)} f(x,y)\,\mathrm{d}y \right] \mathrm{d}x, \tag{4}$$

由（3）和（4）式可得

$$\iint\limits_{D} f(x,y)\mathrm{d}x\mathrm{d}y = \int_a^b \left[\int_{\varphi_1(x)}^{\varphi_2(x)} f(x,y)\,\mathrm{d}y \right] \mathrm{d}x,$$

上式也可简记为

$$\iint\limits_{D} f(x,y)\mathrm{d}x\mathrm{d}y = \int_a^b \mathrm{d}x \int_{\varphi_1(x)}^{\varphi_2(x)} f(x,y)\mathrm{d}y,$$

即证情形（1）中的（1）式．类似可以证明情形（2）中的（2）式．

在上面的讨论中，假设了 $f(x,y) \geqslant 0$．实际上，公式（1）、（2）的成立并不受此影响．

公式（1）和公式（2）的积分方法称为化二重积分为**二次积分法**（又称**累次积分**）．公式（1）为**先对 y 后对 x 积分**的积分次序，公式（2）为**先对 x 后对 y 积分**的积分次序．

累次积分 $\int_a^b \mathrm{d}x \int_{\varphi_1(x)}^{\varphi_2(x)} f(x,y)\,\mathrm{d}y$ 的实际计算，其实就是连续计算两个定积分，第一次求定积分 $\int_{\varphi_1(x)}^{\varphi_2(x)} f(x,y)\,\mathrm{d}y$ 时，积分变量是 y，这时的 x 是作为常量对待的，积分结果是关于 x 的函数，然后再求这个函数在 $[a,b]$ 上的定积分．另一个累次积分 $\int_c^d \mathrm{d}y \int_{\psi_1(y)}^{\psi_2(y)} f(x,y)\,\mathrm{d}x$ 类似．

具体应用公式（1）或公式（2）计算二重积分的一个关键是确定积分的上、下限．积分限

是根据积分区域 D 来确定的. 先画出积分区域 D 的图形. 假如积分区域 D 是 X-型区域，如图 9-7 所示. 将区域 D 投影到 x 轴上，得到 x 的变化区间 $[a,b]$，在区间 $[a,b]$ 内任意取定一个 x，过 x 画一条与 x 轴垂直的直线，该直线与区域 D 的边界曲线的交点的纵坐标自下而上为 $y=\varphi_1(x)$，$y=\varphi_2(x)$，那么积分变量 x 的下、上限分别为 a,b，积分变量 y 的下、上限分别为 $\varphi_1(x)$，$\varphi_2(x)$（如图 9-7）. 假如积分区域 D 是 Y-型区域，在用公式(2)计算时，可类似定出积分变量的下、上限（如图 9-8）.

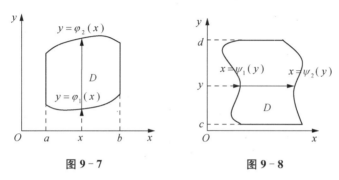

图 9-7　　　　　　　　　　图 9-8

如果积分区域既不是 X-型区域，也不是 Y-型区域，对于这种情形，应将积分区域分为若干个部分区域，使每个部分区域是 X-型区域或 Y-型区域，再利用二重积分的性质和公式(1)或公式(2)进行计算. 例如，若积分区域是图 9-9 所示的区域 D，可用平行于 y 轴的直线将 D 分成 D_1，D_2，D_3 三个部分，利用二重积分对积分区域的可加性，有

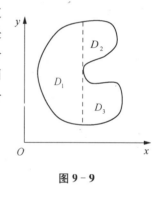

图 9-9

$$\iint_D f(x,y)\,\mathrm{d}x\mathrm{d}y = \iint_{D_1} f(x,y)\,\mathrm{d}x\mathrm{d}y + \iint_{D_2} f(x,y)\,\mathrm{d}x\mathrm{d}y + \iint_{D_3} f(x,y)\,\mathrm{d}x\mathrm{d}y,$$

然后再利用公式(1)或(2)便可完成积分的计算.

如果积分区域既是 X-型区域，又是 Y-型区域，应用公式(1)和(2)，有

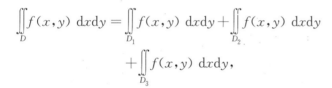

$$\iint_D f(x,y)\mathrm{d}x\mathrm{d}y = \int_a^b \mathrm{d}x \int_{\varphi_1(x)}^{\varphi_2(x)} f(x,y)\mathrm{d}y = \int_c^d \mathrm{d}y \int_{\psi_1(y)}^{\psi_2(y)} f(x,y)\,\mathrm{d}x.$$

它表明累次积分可以交换积分次序，但在交换次序时，须先画出积分区域，然后重新确定积分上、下限. 在这种情况下，可以先对 y 后对 x 积分，也可以先对 x 后对 y 积分. 这就有一个积分次序的选择问题. 合理选择积分次序，在有的情况下也是非常重要的. 后面会通过具体例题来加以说明.

例 1　计算二重积分 $\iint_D (x+y)\mathrm{d}\sigma$，其中 D 是由直线 $y=x$ 与抛物线 $y=x^2$ 所围成的闭区域.

解法 1　首先画出积分区域 D（如图 9-10）. D 是 X-型区域. D 上点的横坐标的变动区间是 $[0,1]$，在 $[0,1]$ 上任意取定一个值 x，过 x 画一条与 x 轴垂直的直线，该直线与 D 的边界的交点的纵坐标自下而上由 $y=x^2$ 变到 $y=x$，从而积分变量 y 的下、上限分别为 x^2 和

x，则 D 可以表示为

$$D: 0 \leqslant x \leqslant 1, x^2 \leqslant y \leqslant x,$$

所以由公式（1）得

$$\iint\limits_D (x+y)\mathrm{d}\sigma = \int_0^1 \mathrm{d}x \int_{x^2}^x (x+y)\mathrm{d}y = \int_0^1 \left[xy + \frac{1}{2}y^2 \right]_{x^2}^x \mathrm{d}x$$

$$= \int_0^1 \left(\frac{3}{2}x^2 - x^3 - \frac{1}{2}x^4 \right)\mathrm{d}x = \left[\frac{1}{2}x^3 - \frac{1}{4}x^4 - \frac{1}{10}x^5 \right]_0^1 = \frac{3}{20}.$$

解法 2　如图 9-11 所示．D 是 Y-型区域．D 上点的纵坐标的变动区间是 $[0,1]$，在 $[0,1]$ 上任意取定一个值 y，过 y 画一条与 y 轴垂直的直线，该直线与 D 的边界的交点的横坐标从左到右由 $x=y$ 变到 $x=\sqrt{y}$，从而积分变量 x 的下、上限分别为 y 和 $\sqrt{y}$，则 D 可以表示为

$$D: 0 \leqslant y \leqslant 1, y \leqslant x \leqslant \sqrt{y},$$

所以由公式（2）得

$$\iint\limits_D (x+y)\mathrm{d}x\mathrm{d}y = \int_0^1 \mathrm{d}y \int_y^{\sqrt{y}} (x+y)\mathrm{d}x = \int_0^1 \left[\frac{1}{2}x^2 + yx \right]_y^{\sqrt{y}} \mathrm{d}y$$

$$= \int_0^1 \left(\frac{1}{2}y + y^{\frac{3}{2}} - \frac{3}{2}y^2 \right)\mathrm{d}y = \left[\frac{1}{4}y^2 + \frac{2}{5}y^{\frac{5}{2}} - \frac{1}{2}y^3 \right]_0^1 = \frac{3}{20}.$$

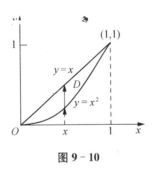

图 9-10

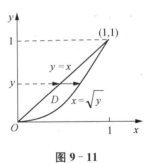

图 9-11

例 2　计算二重积分 $\iint\limits_D \dfrac{y^2}{x^2}\mathrm{d}x\mathrm{d}y$，其中 D 是由直线 $y = x$，$y = 2$ 以及曲线 $y = \dfrac{1}{x}$ 所围成的闭区域．

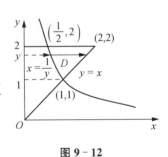

图 9-12

解　画出积分区域 D，如图 9-12 所示．将 D 看成 Y-型区域，则 D 可以表示为

$$D: 1 \leqslant y \leqslant 2, \frac{1}{y} \leqslant x \leqslant y,$$

利用公式（2），得

$$\iint\limits_D \frac{y^2}{x^2}\mathrm{d}x\mathrm{d}y = \int_1^2 \mathrm{d}y \int_{\frac{1}{y}}^y \frac{y^2}{x^2}\mathrm{d}x = \int_1^2 \left[-\frac{y^2}{x} \right]_{\frac{1}{y}}^y \mathrm{d}y$$

$$= \int_1^2 (y^3 - y)\mathrm{d}y = \left[\frac{1}{4}y^4 - \frac{1}{2}y^2\right]_1^2 = \frac{9}{4}.$$

如果要按照 X-型区域进行计算,则由于在区间 $\left[\frac{1}{2}, 1\right]$ 及

$[1, 2]$ 上表示 $\varphi_1(x)$ 的式子不同,所以要用经过点 $(1,1)$ 且平行于 y 轴的直线 $x = 1$ 把区域 D 分成 D_1 和 D_2 两部分(如图 $9-13$),其中

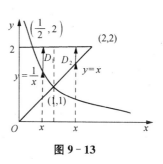

图 9-13

$$D_1 : \frac{1}{2} \leqslant x \leqslant 1, \frac{1}{x} \leqslant y \leqslant 2,$$
$$D_2 : 1 \leqslant x \leqslant 2, x \leqslant y \leqslant 2.$$

所以由二重积分对积分区域的可加性及公式(1)得

$$\iint_D \frac{y^2}{x^2}\mathrm{d}x\mathrm{d}y = \iint_{D_1} \frac{y^2}{x^2}\mathrm{d}x\mathrm{d}y + \iint_{D_2} \frac{y^2}{x^2}\mathrm{d}x\mathrm{d}y$$

$$= \int_{\frac{1}{2}}^1 \mathrm{d}x \int_{\frac{1}{x}}^2 \frac{y^2}{x^2}\mathrm{d}y + \int_1^2 \mathrm{d}x \int_x^2 \frac{y^2}{x^2}\mathrm{d}y$$

$$= \int_{\frac{1}{2}}^1 \left[\frac{1}{3}\frac{y^3}{x^2}\right]_{\frac{1}{x}}^2 \mathrm{d}x + \int_1^2 \left[\frac{1}{3}\frac{y^3}{x^2}\right]_x^2 \mathrm{d}x$$

$$= \int_{\frac{1}{2}}^1 \left(\frac{8}{3}\frac{1}{x^2} - \frac{1}{3}\frac{1}{x^5}\right)\mathrm{d}x + \int_1^2 \left(\frac{8}{3}\frac{1}{x^2} - \frac{x}{3}\right)\mathrm{d}x$$

$$= \left[-\frac{8}{3}\frac{1}{x} + \frac{1}{12}\frac{1}{x^4}\right]_{\frac{1}{2}}^1 + \left[-\frac{8}{3}\frac{1}{x} - \frac{x^2}{6}\right]_1^2$$

$$= \frac{17}{12} + \frac{5}{6} = \frac{9}{4}.$$

由此可见,这里应用公式(1)来计算比较麻烦.

例3 计算二重积分 $\displaystyle\iint_D \frac{\sin y}{y}\mathrm{d}\sigma$,其中 D 是由曲线 $y = x$ 以及 $x = y^2$ 所围成的闭区域.

解 画出积分区域 D,如图 $9-14$ 所示. D 既是 X-型的,又是 Y-型的,从理论上来说,两种积分次序都可以选择.

若选择积分次序:先对 y 后对 x 积分,在 X-型区域下进行计算,则 D 可以表示为

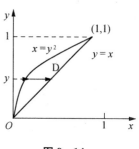

图 9-14

$$D : 0 \leqslant x \leqslant 1, x \leqslant y \leqslant \sqrt{x},$$

利用公式(1),有

$$\iint_D \frac{\sin y}{y}\mathrm{d}x\mathrm{d}y = \int_0^1 \mathrm{d}x \int_x^{\sqrt{x}} \frac{\sin y}{y}\mathrm{d}y.$$

由于积分 $\displaystyle\int_x^{\sqrt{x}} \frac{\sin y}{y}\mathrm{d}y$ 无法用初等方法求得,这个二重积分就非常困难,甚至积不出来(并不是指不可积).

换一个积分次序,情况会怎样呢?

若选择积分次序:先对 x 后对 y 积分,在 Y-型区域下进行计算,则 D 可以表示为

$$D:0 \leqslant y \leqslant 1, y^2 \leqslant x \leqslant y,$$

利用公式(2),有

$$\iint\limits_{D} \frac{\sin y}{y} \mathrm{d}\sigma = \int_0^1 \mathrm{d}y \int_{y^2}^y \frac{\sin y}{y} \mathrm{d}x = \int_0^1 \left[\frac{\sin y}{y} x\right]_{y^2}^y \mathrm{d}y$$

$$= \int_0^1 (\sin y - y\sin y)\, \mathrm{d}y = 1 - \sin 1.$$

上述几个例子说明,在化二重积分为二次积分时,为了计算简便,需要选择恰当的二次积分次序. 选择时既要考虑积分区域 D 的形状,又要考虑被积函数 $f(x,y)$ 的特性.

例 4 改变二次积分 $\int_0^1 \mathrm{d}y \int_{y^2}^{1+\sqrt{1-y^2}} f(x,y)\, \mathrm{d}x$ 的积分次序.

解 由二次积分可知,与其对应的二重积分

$$\iint\limits_{D} f(x,y) \mathrm{d}x\mathrm{d}y$$

的积分区域为

$$D:0 \leqslant y \leqslant 1, y^2 \leqslant x \leqslant 1 + \sqrt{1-y^2},$$

画出积分区域 D(如图 9-15). 现将积分次序改变为先对 y 后对 x 的积分,为此用直线 $x=1$ 将 D 分为 D_1 和 D_2 两部分,其中

$$D_1:0 \leqslant x \leqslant 1, 0 \leqslant y \leqslant \sqrt{x},$$
$$D_2:1 \leqslant x \leqslant 2, 0 \leqslant y \leqslant \sqrt{2x-x^2}.$$

所以

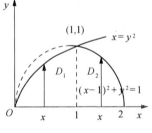

图 9-15

$$\int_0^1 \mathrm{d}y \int_{y^2}^{1+\sqrt{1-y^2}} f(x,y)\, \mathrm{d}x$$

$$= \iint\limits_{D} f(x,y) \mathrm{d}x\mathrm{d}y$$

$$= \iint\limits_{D_1} f(x,y) \mathrm{d}x\mathrm{d}y + \iint\limits_{D_2} f(x,y) \mathrm{d}x\mathrm{d}y$$

$$= \int_0^1 \mathrm{d}x \int_0^{\sqrt{x}} f(x,y)\, \mathrm{d}y + \int_1^2 \mathrm{d}x \int_0^{\sqrt{2x-x^2}} f(x,y)\, \mathrm{d}y.$$

例 5 证明:$\int_0^2 \mathrm{d}y \int_0^y f(x)\, \mathrm{d}x = \int_0^2 (2-x)f(x)\, \mathrm{d}x.$

证明 由二次积分 $\int_0^2 \mathrm{d}y \int_0^y f(x)\, \mathrm{d}x$ 可得积分区域(如图9-16)为

$$D:0 \leqslant y \leqslant 2, 0 \leqslant x \leqslant y.$$

现将积分次序改变为先 y 后 x 积分,积分区域 D 可以表示为

$$D: 0 \leqslant x \leqslant 2, x \leqslant y \leqslant 2,$$

所以

$$\int_0^2 \mathrm{d}y \int_0^y f(x)\,\mathrm{d}x = \int_0^2 \mathrm{d}x \int_x^2 f(x)\,\mathrm{d}y$$
$$= \int_0^2 (2-x)f(x)\,\mathrm{d}x.$$

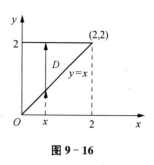

图 9-16

证毕.

例 6 求两个底圆半径均为 R 的直交圆柱面所围几何体的体积.

解 设两圆柱面方程分别为

$$x^2+y^2=R^2 \text{ 及 } x^2+z^2=R^2.$$

由几何体关于三坐标面的对称性可知,所求几何体的体积等于第一卦限部分(如图 9-17)的体积的 8 倍. 设第一卦限部分的体积为 V_1,那么,V_1 是以四分之一圆 D_1 为底,以圆柱面 $z=\sqrt{R^2-x^2}$ 为顶的曲顶柱体的体积,其中

$$D_1 = \{(x,y) \mid x^2+y^2 \leqslant R^2, x \geqslant 0, y \geqslant 0\},$$

故有

$$V_1 = \iint\limits_{D_1} \sqrt{R^2-x^2}\,\mathrm{d}x\mathrm{d}y.$$

考虑到被积函数 $\sqrt{R^2-x^2}$ 的特点(不含变量 y,对变量 y 积分较为简单),选择先对 y 后对 x 的积分次序,则 D_1 可以表示为

$$D_1: 0 \leqslant x \leqslant R, 0 \leqslant y \leqslant \sqrt{R^2-x^2} \text{ (如图 9-18)}.$$

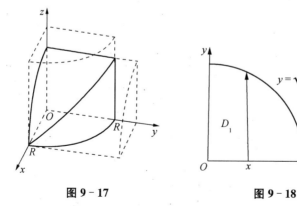

图 9-17   图 9-18

从而

$$V_1 = \iint\limits_{D_1} \sqrt{R^2-x^2}\,\mathrm{d}x\mathrm{d}y = \int_0^R \mathrm{d}x \int_0^{\sqrt{R^2-x^2}} \sqrt{R^2-x^2}\,\mathrm{d}y$$

$$= \int_0^R \sqrt{R^2 - x^2} \left[y \right]_0^{\sqrt{R^2-x^2}} \, \mathrm{d}x = \int_0^R (R^2 - x^2) \, \mathrm{d}x = \frac{2}{3} R^3,$$

所以所求体积

$$V = 8 \, V_1 = \frac{16}{3} R^3.$$

二、利用极坐标计算二重积分

在二重积分的问题中常常会遇到直角坐标系下很难解决的问题.

比如:计算二重积分 $\iint\limits_D \mathrm{e}^{-x^2-y^2} \, \mathrm{d}\sigma$,其中 D 是由圆周 $x^2 + y^2 \leqslant 1$ 所围成的闭区域.

尽管在直角坐标系下该二重积分可表示为

$$\iint\limits_D \mathrm{e}^{-x^2-y^2} \, \mathrm{d}x\mathrm{d}y = \int_{-1}^1 \, \mathrm{d}x \int_{-\sqrt{1-x^2}}^{\sqrt{1-x^2}} \mathrm{e}^{-x^2} \, \mathrm{e}^{-y^2} \, \mathrm{d}y.$$

但是,这个积分用初等方法是积不出来的. 注意到这个积分区域的特殊性,其边界方程用极坐标方程表示的话,形式很简单,它就是 $r=1$. 既然这样,问题是否可以放到极坐标系下来解决呢? 要回答这个问题,首先要解决如何利用极坐标求二重积分 $\iint\limits_D f(x, y) \, \mathrm{d}\sigma$.

直角坐标与极坐标之间的变换公式为

$$\begin{cases} x = r\cos\theta \\ y = r\sin\theta \end{cases}.$$

由此被积函数可转化为

$$f(x, y) = f(r\cos\theta, r\sin\theta).$$

下面求极坐标下的面积元素 $\mathrm{d}\sigma$. 在极坐标系下,对区域 D 的分割可采用如图 9-19 的方式:过极点引射线,然后再以极点为圆心画同心圆,这样将区域 D 分割成许多个小区域,当分割非常精细时,其中一个典型的小区域的面积为

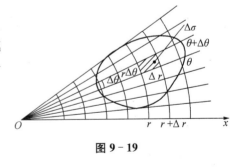

图 9-19

$$\Delta\sigma = \frac{1}{2} (r + \Delta r)^2 \Delta\theta - \frac{1}{2} r^2 \Delta\theta$$

$$= r\Delta r\Delta\theta + \frac{1}{2} \Delta r^2 \Delta\theta \approx r\Delta r\Delta\theta,$$

于是,极坐标下的面积元素 $\mathrm{d}\sigma = r\mathrm{d}r\mathrm{d}\theta$,所以二重积分 $\iint\limits_D f(x, y) \, \mathrm{d}\sigma$ 在极坐标系下可表示为

$$\iint\limits_D f(x, y)\mathrm{d}\sigma = \iint\limits_D f(r\cos\theta, r\sin\theta) \, r \, \mathrm{d}r\mathrm{d}\theta.$$

在极坐标系下,二重积分一样可以化为二次积分来计算. 习惯上一般选择先对 r 后对 θ

积分的积分次序. 下面分三种情况讨论.

1. 极点在区域 D 的内部

设区域 D(如图 9-20)的边界方程为 $r=r(\theta)$ $(0\leq\theta\leq2\pi)$, 则 D 可以表示为

$$D: 0\leq\theta\leq2\pi, 0\leq r\leq r(\theta).$$

于是极坐标系下二重积分化为二次积分的形式是:

$$\iint\limits_{D}f(r\cos\theta,r\sin\theta)\ r\ \mathrm{d}r\mathrm{d}\theta = \int_{0}^{2\pi}\mathrm{d}\theta\int_{0}^{r(\theta)}f(r\cos\theta,r\sin\theta)\ r\ \mathrm{d}r.$$

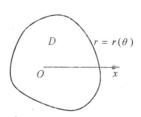

图 9-20

2. 极点在区域 D 的外部

设区域 D(如图 9-21)的边界方程为: $\theta=\alpha, \theta=\beta, r=r_1(\theta)$ 和 $r=r_2(\theta)$ $(\alpha\leq\theta\leq\beta)$, 则 D 可以表示为

$$D: \alpha\leq\theta\leq\beta, r_1(\theta)\leq r\leq r_2(\theta).$$

于是极坐标系下二重积分化为二次积分的形式是:

$$\iint\limits_{D}f(r\cos\theta,r\sin\theta)\ r\ \mathrm{d}r\mathrm{d}\theta = \int_{\alpha}^{\beta}\mathrm{d}\theta\int_{r_1(\theta)}^{r_2(\theta)}f(r\cos\theta,r\sin\theta)\ r\ \mathrm{d}r.$$

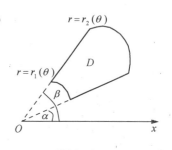

图 9-21

3. 极点在区域 D 的边界上

设区域 D(如图 9-22)的边界方程为: $\theta=\alpha, \theta=\beta$ 和 $r=r(\theta)$ $(\alpha\leq\theta\leq\beta)$, 则 D 可以表示为

$$D: \alpha\leq\theta\leq\beta, 0\leq r\leq r(\theta),$$

于是极坐标系下二重积分化为累次积分的形式是

$$\iint\limits_{D}f(r\cos\theta,r\sin\theta)\ r\ \mathrm{d}r\mathrm{d}\theta = \int_{\alpha}^{\beta}\mathrm{d}\theta\int_{0}^{r(\theta)}f(r\cos\theta,r\sin\theta)\ r\ \mathrm{d}r.$$

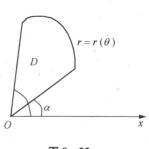

图 9-22

下面通过具体的示例说明如何在极坐标系下进行二重积分的计算.

例 7 计算二重积分 $\iint\limits_{D}x^2y\mathrm{d}x\mathrm{d}y$, 其中 D 是由圆周 $x^2+y^2=1, x^2+y^2=4$ 及直线 $y=x, y=0$ 所围成的闭区域在第一象限的部分.

解 令 $\begin{cases}x=r\cos\theta\\y=r\sin\theta\end{cases}$, 在极坐标系下, D 可以表示为

$$D: 0\leq\theta\leq\frac{\pi}{4}, 1\leq r\leq2,$$

所以

$$\iint\limits_{D}x^2y\mathrm{d}x\mathrm{d}y = \iint\limits_{D}r^2\cos^2\theta\cdot r\sin\theta\cdot r\mathrm{d}r\mathrm{d}\theta$$

$$= \int_{0}^{\frac{\pi}{4}}\cos^2\theta\sin\theta\mathrm{d}\theta\int_{1}^{2}r^4\mathrm{d}r = \frac{31}{60}(4-\sqrt{2}).$$

下面计算本段开始提到的二重积分,把积分区域的半径换成一般的正数 a,即是例 8.

例 8　计算二重积分 $\iint\limits_{D} \mathrm{e}^{-x^2-y^2}\mathrm{d}\sigma$,其中 D 是由圆周 $x^2+y^2=a^2$ 所围成的闭区域.

解　令 $\begin{cases} x=r\cos\theta, \\ y=r\sin\theta, \end{cases}$ 在极坐标系下,D 可以表示为

$$D: 0 \leqslant \theta \leqslant 2\pi, 0 \leqslant r \leqslant a,$$

所以

$$\iint\limits_{D} \mathrm{e}^{-x^2-y^2}\mathrm{d}\sigma = \iint\limits_{D} \mathrm{e}^{-r^2} r\mathrm{d}r\mathrm{d}\theta$$
$$= \int_0^{2\pi}\mathrm{d}\theta \int_0^a \mathrm{e}^{-r^2} r\mathrm{d}r = \pi(1-\mathrm{e}^{-a^2}).$$

从上述几个例子可以发现,当被积函数或积分区域的表达式用极坐标表示比较简单时,可以考虑利用极坐标计算二重积分.

在一元函数积分中,工程中常用的反常积分 $\int_0^{+\infty} \mathrm{e}^{-x^2}\mathrm{d}x$ 是"不可积出"的,但可以利用二重积分进行处理.

例 9　计算 $I = \int_0^{+\infty} \mathrm{e}^{-x^2}\mathrm{d}x$.

分析　由于积分 $\int \mathrm{e}^{-x^2}\mathrm{d}x$ 不能用初等函数表示,所以不能直接算出来. 因 $\int_0^{+\infty} \mathrm{e}^{-x^2}\mathrm{d}x = \lim\limits_{R\to+\infty} \int_0^R \mathrm{e}^{-x^2}\mathrm{d}x$,所以可以用上例的结果及夹逼准则来计算.

解　设

$$D_1 = \{(x,y) \mid x^2+y^2 \leqslant R^2, x \geqslant 0, y \geqslant 0\},$$
$$D_2 = \{(x,y) \mid x^2+y^2 \leqslant 2R^2, x \geqslant 0, y \geqslant 0\},$$
$$S = \{(x,y) \mid 0 \leqslant x \leqslant R, 0 \leqslant y \leqslant R\}.$$

显然 $D_1 \subset S \subset D_2$. 由于 $\mathrm{e}^{-x^2-y^2} > 0$,从而在这些闭区域上的二重积分之间有不等式

$$\iint\limits_{D_1} \mathrm{e}^{-x^2-y^2}\mathrm{d}x\mathrm{d}y < \iint\limits_{S} \mathrm{e}^{-x^2-y^2}\mathrm{d}x\mathrm{d}y < \iint\limits_{D_2} \mathrm{e}^{-x^2-y^2}\mathrm{d}x\mathrm{d}y.$$

因为

$$\iint\limits_{S} \mathrm{e}^{-x^2-y^2}\mathrm{d}x\mathrm{d}y = \int_0^R \mathrm{e}^{-x^2}\mathrm{d}x \cdot \int_0^R \mathrm{e}^{-y^2}\mathrm{d}y = \left(\int_0^R \mathrm{e}^{-x^2}\mathrm{d}x\right)^2,$$

又应用例 8 的结果有

$$\iint\limits_{D_1} \mathrm{e}^{-x^2-y^2}\mathrm{d}x\mathrm{d}y = \frac{\pi}{4}\left(1-\mathrm{e}^{-R^2}\right),$$

$$\iint\limits_{D_2} \mathrm{e}^{-x^2-y^2}\mathrm{d}x\mathrm{d}y = \frac{\pi}{4}\left(1-\mathrm{e}^{-2R^2}\right),$$

于是上面的不等式可写成

$$\frac{\pi}{4}\left(1-\mathrm{e}^{-R^2}\right) < \left(\int_0^R \mathrm{e}^{-x^2}\,\mathrm{d}x\right)^2 < \frac{\pi}{4}\left(1-\mathrm{e}^{-2R^2}\right).$$

令 $R\to+\infty$，上式两端趋于同一极限 $\dfrac{\pi}{4}$，从而

$$\int_0^{+\infty} \mathrm{e}^{-x^2}\,\mathrm{d}x = \frac{\sqrt{\pi}}{2}.$$

习题 9 - 2

1. 将二重积分 $\iint\limits_D f(x,y)\,\mathrm{d}\sigma$ 化为直角坐标下的二次积分（用两种不同的次序），其中积分区域 D 为

(1) 由抛物线 $y=x^2$ 与直线 $y=x$ 所围成的闭区域；

(2) $D=\{(x,y)\,|\,x^2+y^2\leqslant 1,y\geqslant 0\}$；

(3) 由直线 $y=x,y=2-x$ 及 x 轴所围成的闭区域.

2. 改变下列二次积分的积分次序：

(1) $\displaystyle\int_0^1 \mathrm{d}x \int_x^1 f(x,y)\,\mathrm{d}y$；

(2) $\displaystyle\int_0^1 \mathrm{d}x \int_0^{x^2} f(x,y)\,\mathrm{d}y + \int_1^2 \mathrm{d}x \int_0^{\sqrt{1-(x-1)^2}} f(x,y)\,\mathrm{d}y$；

(3) $\displaystyle\int_0^1 \mathrm{d}y \int_y^{1+\sqrt{1-y^2}} f(x,y)\,\mathrm{d}x$.

3. 计算二重积分：

(1) $\displaystyle\iint\limits_D (3x^2y+4xy^2)\,\mathrm{d}\sigma$，其中 $D=\{(x,y)\,|\,0\leqslant x\leqslant 2,1\leqslant y\leqslant 4\}$；

(2) $\displaystyle\iint\limits_D xy\,\mathrm{d}\sigma$，其中 D 是由直线 $y=1,x=2,y=x$ 所围区域；

(3) $\displaystyle\iint\limits_D xy\,\mathrm{d}\sigma$，其中 D 是由 $y=x^2,y=\sqrt{2x-x^2}$ $(0\leqslant x\leqslant 1)$ 所围闭区域；

(4) 求 $\displaystyle\iint\limits_D \frac{\sin y}{y}\,\mathrm{d}\sigma$，$D$ 由抛物线 $y=\sqrt{x}$ 及直线 $y=\dfrac{x}{\pi}$ 围成；

(5) 求 $\displaystyle\iint\limits_D x^2\mathrm{e}^{-y^2}\,\mathrm{d}\sigma$，其中 D 由直线 $y=x,y=1$ 及 y 轴所围；

(6) 计算二重积分 $\displaystyle\iint\limits_D |y-x^2|\,\mathrm{d}\sigma$，其中 D 为矩形区域：$-1\leqslant x\leqslant 1,0\leqslant y\leqslant 1$.

4. 利用极坐标计算下列二重积分：

(1) 计算 $\displaystyle\iint\limits_D \frac{x}{y}\,\mathrm{d}x\mathrm{d}y$，其中 D 是由曲线 $x^2+y^2=2ay(x\geqslant 0,a$ 为正实数$)$ 与 y 轴所围成的闭区域；

(2) 计算 $\displaystyle\iint\limits_D \frac{\sin(\pi\sqrt{x^2+y^2})}{\sqrt{x^2+y^2}}\,\mathrm{d}x\mathrm{d}y$，其中 $D=\{(x,y)\,|\,1\leqslant x^2+y^2\leqslant 4\}$；

(3) 计算 $\iint\limits_{D}(x+y)\mathrm{d}x\mathrm{d}y$，其中 $D=\{(x,y)\mid x+y\geqslant 1,x^2+y^2\leqslant 1\}$．

5. 设 $I=\int_{0}^{\frac{R}{\sqrt{2}}}\mathrm{d}x\int_{0}^{x}\frac{y^2}{x^2}\mathrm{d}y+\int_{\frac{R}{\sqrt{2}}}^{R}\mathrm{d}x\int_{0}^{\sqrt{R^2-x^2}}\frac{y^2}{x^2}\mathrm{d}y$．

(1) 交换积分次序；　　　　　　　　(2) 将 I 化成极坐标形式并计算 I．

6. 设 $f(x)$ 在 $[a,b]$ 上连续，$g(x)$ 在 $[c,d]$ 上连续，又

$$D=\{(x,y)\mid a\leqslant x\leqslant b,c\leqslant y\leqslant d\},$$

证明　　　　　　 $$\iint\limits_{D}f(x)g(y)\mathrm{d}x\mathrm{d}y=\int_{a}^{b}f(x)\ \mathrm{d}x\cdot\int_{c}^{d}g(x)\ \mathrm{d}x.$$

7. 求抛物线 $y^2=2x$ 与直线 $y=x-4$ 所围封闭图形的面积．

8. 求半球体 $0\leqslant z\leqslant\sqrt{4a^2-x^2-y^2}$ 被圆柱面 $x^2+y^2=2ax(a>0)D$ 所截且包含在圆柱面内部的那部分的体积．

9. 求由平面 $x=0,y=0,x+y=1$ 所围成的柱体被平面 $z=0$ 及旋转抛物面 $x^2+y^2=6-z$ 截得的立体的体积．

 复习题 9

一、选择题

1. 设 $D=\{(x,y)\mid |x|\leqslant 1,|y|\leqslant 1\}$，则下列不等式中正确的是(　　　　)．

　　A. $\iint\limits_{D}(x-1)\mathrm{d}\delta>0$　　　　　　　　B. $\iint\limits_{D}(y-1)\mathrm{d}\delta>0$

　　C. $\iint\limits_{D}(x+1)\mathrm{d}\delta>0$　　　　　　　　D. $\iint\limits_{x^2+y^2\leqslant 1}(-\dot{x}^2-y^2)\mathrm{d}\delta>0$

2. 设 D 是区域 $\{(x,y)\mid x^2+y^2\leqslant a^2\}$，又 $\iint\limits_{D}(x^2+y^2)\mathrm{d}x\mathrm{d}y=8\pi$，则 $a=$ (　　　　)．

　　A. 1　　　　　　　B. 2　　　　　　　C. 4　　　　　　　D. 8

3. 设 $D=\{(x,y)\mid 0\leqslant x\leqslant 1,0\leqslant y\leqslant 1\}$，则 $\iint\limits_{D}x\mathrm{e}^{-2y}\mathrm{d}x\mathrm{d}y=$ (　　　)．

　　A. $1-\mathrm{e}^{-2}$　　　　B. $\frac{1}{4}(1-\mathrm{e}^{-2})$　　　　C. $\frac{1}{2}(\mathrm{e}^{-2}-1)$　　　　D. $\frac{1}{2}(1-\mathrm{e}^{-2})$

4. 若 $\iint\limits_{D}\mathrm{d}x\mathrm{d}y=1$，其中区域 D 是由(　　　　)所围成的闭区域．

　　A. $y=x+1,x=0,x=1$ 及 x 轴　　　　B. $|x|=1,|y|=1$

　　C. $2x+y=2$ 及 x 轴，y 轴　　　　　　D. $|x+y|=1,|x-y|=1$

5. 设 $f(x,y)$ 是连续函数，则 $\int_{0}^{4}\mathrm{d}x\int_{0}^{2\sqrt{x}}f(x,y)\mathrm{d}y=$ (　　　)．

　　A. $\int_{0}^{4}\mathrm{d}y\int_{\frac{1}{4}y^2}^{4}f(x,y)\mathrm{d}x$　　　　　　　B. $\int_{0}^{4}\mathrm{d}y\int_{-y}^{\frac{1}{4}y^2}f(x,y)\mathrm{d}x$

　　C. $\int_{0}^{4}\mathrm{d}y\int_{\frac{1}{4}}^{1}f(x,y)\mathrm{d}x$　　　　　　　D. $\int_{0}^{4}\mathrm{d}y\int_{\frac{1}{4}y^2}^{y}f(x,y)\mathrm{d}x$

二、填空题

1. 设 D 是由圆环 $2 \leqslant x^2 + y^2 \leqslant 4$ 所确定的闭区域,则 $\iint\limits_{D} \mathrm{d}x\mathrm{d}y =$ _____.

2. 交换二次积分 $I = \int_{-1}^{1} \mathrm{d}x \int_{x^2}^{1} f(x,y)\mathrm{d}y$ 的积分次序,则 $I =$ _____.

3. 若 D 是由直线 $x - y = 0, x + y = 0$ 及 $x = 1$ 所围成的闭区域,则 $\iint\limits_{D} xy(x-y)\mathrm{d}x\mathrm{d}y =$

_____.

4. D 为由圆 $x^2 + y^2 = 4$ 所围成的闭区域,则 $\iint\limits_{D} e^{x^2+y^2} \mathrm{d}\delta =$ _____.

5. D 为由圆 $x^2 + y^2 \leqslant 2x$ 所围成的闭区域,则 $\iint\limits_{D} f(x,y)\mathrm{d}x\mathrm{d}y$ 表示为极坐标形式的二次

积分为_____.

三、计算题

1. $\iint\limits_{D} \dfrac{x^2}{y^2}\mathrm{d}x\mathrm{d}y$,其中 D 是由曲线 $xy = 1$,直线 $y = x, x = 2$ 所围成的闭区域.

2. $\iint\limits_{D} \sqrt{9 - x^2 - y^2}\mathrm{d}x\mathrm{d}y$,其中 D 是由曲线 $x^2 + y^2 = 3x$ 所围成的闭区域.

3. $\int_{0}^{1} \mathrm{d}x \int_{x}^{1} e^{-y^2} \mathrm{d}y$.

第十章 无穷级数

无穷级数是研究函数的重要工具,已广泛地应用于工程技术、数理统计、数值计算及其他领域.它既可以作为一个函数或一个数的表达式,用来表示函数、研究函数的性质,又可用它求得一些函数的近似公式,进行数值计算.本章主要介绍无穷级数的概念、性质、收敛与发散的判别法、幂级数以及一些简单函数的幂级数展开式.

第一节 常数项级数的概念与性质

一、常数项级数的概念

如果给定一个无穷数列 $u_1,u_2,u_3,\cdots,u_n,\cdots$,则由这数列的项相加构成的表达式

$$u_1 + u_2 + u_3 + \cdots + u_n + \cdots,$$

叫作(**常数项**)无穷级数,简称(**常数项**)级数,记为 $\sum\limits_{n=1}^{\infty} u_n$,即

$$\sum_{n=1}^{\infty} u_n = u_1 + u_2 + u_3 + \cdots + u_n + \cdots,$$

其中第 n 项 u_n 称为级数的**一般项**或**通项**.注意,无穷级数仅仅是一种形式上的相加,可看作"无限项之和",式子末尾"$+\cdots$"不要漏掉,漏掉就变成有限项之和,就不是级数了.这种"无限项之和"的式子与有限项之和的式子的一些性质是不相同的.为此,我们引入级数的前 n 项和的概念.

级数 $\sum\limits_{n=1}^{\infty} u_n$ 的前 n 项和,称为级数 $\sum\limits_{n=1}^{\infty} u_n$ 的部分和,记为 s_n,即

$$s_n = \sum_{i=1}^{n} u_i = u_1 + u_2 + u_3 + \cdots + u_n,$$

并且 $\{s_n\}$ 构成一个数列,称为部分和数列.

如果级数 $\sum\limits_{n=1}^{\infty} u_n$ 的部分和数列 $\{s_n\}$ 有极限 s,即 $\lim\limits_{n\to\infty} s_n = s$,则称无穷级数 $\sum\limits_{n=1}^{\infty} u_n$ **收敛**,此时极限 s 叫作这级数的和,并写成 $s = \sum\limits_{n=1}^{\infty} u_n = u_1 + u_2 + u_3 + \cdots + u_n + \cdots$;反之,如果 $\{s_n\}$ 没有极限,则称无穷级数 $\sum\limits_{n=1}^{\infty} u_n$ **发散**.

当级数 $\sum\limits_{n=1}^{\infty} u_n$ 收敛时,级数的和与部分和的差,它们之间的差值

$$r_n = s - s_n = u_{n+1} + u_{n+2} + \cdots,$$

称为级数 $\sum\limits_{n=1}^{\infty} u_n$ 的**余项**. 注意, 级数只有收敛时才有和与余项. s_n 是级数 $\sum\limits_{n=1}^{\infty} u_n$ 的和 s 的近似值, 而余项的绝对值是它们的误差.

例 1　讨论无穷级数 $\sum\limits_{n=0}^{\infty} aq^n = a + aq + aq^2 + \cdots + aq^n + \cdots$（称为等比级数或几何级数）的敛散性, 其中 $a \neq 0$, q 叫作级数的公比.

解　若 $q \neq 1$, 则部分和

$$s_n = a + aq + aq^2 + \cdots + aq^{n-1} = \frac{a - aq^n}{1 - q} = \frac{a(1 - q^n)}{1 - q}.$$

当 $|q| < 1$ 时, $\lim\limits_{n \to \infty} s_n = \dfrac{a}{1-q}$, 故原级数收敛;

当 $|q| > 1$ 时, $\lim\limits_{n \to \infty} s_n = \infty$, 故原级数发散;

若 $|q| = 1$, 则当 $q = 1$ 时, $s_n = na$, $\lim\limits_{n \to \infty} s_n$ 不存在, 故原级数发散; 当 $q = -1$ 时, $s_n = \dfrac{1}{2}[1 + (-1)^n]a$, $\lim\limits_{n \to \infty} s_n$ 不存在, 故原级数发散.

综上所述, 几何级数 $\sum\limits_{n=0}^{\infty} aq^n$ 当且仅当 $|q| < 1$ 时收敛, 且和为 $\dfrac{a}{1-q}$（注意 n 从 0 开始）; 当 $|q| \geqslant 1$ 时发散.

例 2　判别无穷级数

$$\frac{1}{1 \cdot 6} + \frac{1}{6 \cdot 11} + \frac{1}{11 \cdot 16} + \cdots + \frac{1}{(5n-4)(5n+1)} + \cdots$$

的收敛性.

解　由于

$$u_n = \frac{1}{(5n-4)(5n+1)} = \frac{1}{5}\left(\frac{1}{5n-4} - \frac{1}{5n+1}\right),$$

因此

$$\begin{aligned}
s_n &= \frac{1}{1 \cdot 6} + \frac{1}{6 \cdot 11} + \frac{1}{11 \cdot 16} + \cdots + \frac{1}{(5n-4)(5n+1)} \\
&= \frac{1}{5}\left(1 - \frac{1}{6}\right) + \frac{1}{5}\left(\frac{1}{6} - \frac{1}{11}\right) + \cdots + \frac{1}{5}\left(\frac{1}{5n-4} - \frac{1}{5n+1}\right) = \frac{1}{5}\left(1 - \frac{1}{5n+1}\right),
\end{aligned}$$

从而

$$\lim\limits_{n \to \infty} s_n = \lim\limits_{n \to \infty} \frac{1}{5}\left(1 - \frac{1}{5n+1}\right) = \frac{1}{5},$$

所以这个级数收敛, 它的和是 1.

例 3　讨论级数 $\sum\limits_{n=1}^{\infty} \dfrac{n}{2^n}$ 的敛散性.

解　设　$s_n = \sum\limits_{k=1}^{n} \dfrac{k}{2^k} = \dfrac{1}{2} + \dfrac{2}{2^2} + \dfrac{3}{2^3} + \cdots + \dfrac{n-1}{2^{n-1}} + \dfrac{n}{2^n},$

$$\frac{1}{2}s_n = \frac{1}{2^2} + \frac{2}{2^3} + \frac{3}{2^4} + \cdots + \frac{n-1}{2^n} + \frac{n}{2^{n+1}}.$$

两式相减,得

$$\frac{1}{2}s_n = s_n - \frac{1}{2}s_n = \frac{1}{2} + \frac{1}{2^2} + \frac{1}{2^3} + \cdots + \frac{1}{2^n} - \frac{n}{2^{n+1}}$$

$$= \frac{\frac{1}{2}\left(1 - \frac{1}{2^n}\right)}{1 - \frac{1}{2}} - \frac{n}{2^{n+1}} \rightarrow 1 \ (\ n \rightarrow \infty\ ).$$

故 $\lim\limits_{n \to \infty} s_n = 2$,原级数收敛,且其和为 2.

二、收敛级数的基本性质

性质 1　设级数 $\sum\limits_{n=1}^{\infty} u_n$ 收敛,k 是常数,则级数 $\sum\limits_{n=1}^{\infty} ku_n$ 收敛,且有 $\sum\limits_{n=1}^{\infty} ku_n = k\sum\limits_{n=1}^{\infty} u_n$.

证明　设 $\sum\limits_{i=1}^{n} u_i = s_n,\sum\limits_{i=1}^{n} ku_i = \sigma_n$,则

$$\sum_{n=1}^{\infty} ku_n = \lim_{n \to \infty} \sigma_n = \lim_{n \to \infty}(ku_1 + ku_2 + \cdots + ku_n)$$

$$= k\lim_{n \to \infty}(u_1 + u_2 + \cdots + u_n) = k\lim_{n \to \infty} s_n = k\sum_{n=1}^{\infty} u_n.$$

性质 2　级数 $\sum\limits_{n=1}^{\infty} u_n$ 和 $\sum\limits_{n=1}^{\infty} v_n$ 收敛,则级数 $\sum\limits_{n=1}^{\infty}(u_n \pm v_n)$ 收敛,且有

$$\sum_{n=1}^{\infty}(u_n \pm v_n) = \sum_{n=1}^{\infty} u_n \pm \sum_{n=1}^{\infty} v_n.$$

证明　设 $\sum\limits_{i=1}^{n} u_i = s_n,\sum\limits_{i=1}^{n} v_i = \sigma_n,\sum\limits_{i=1}^{n}(u_i \pm v_i) = w_n$,则

$$\lim_{n \to \infty} w_n = \lim_{n \to \infty}[(u_1 \pm v_1) + (u_2 \pm v_2) + \cdots + (u_n \pm v_n)]$$

$$= \lim_{n \to \infty}[(u_1 + u_2 + \cdots + u_n) \pm (v_1 + v_2 + \cdots + v_n)]$$

$$= \lim_{n \to \infty}(s_n \pm \sigma_n) = \lim_{n \to \infty} s_n \pm \lim_{n \to \infty} \sigma_n,$$

即

$$\sum_{n=1}^{\infty}(u_n \pm v_n) = \sum_{n=1}^{\infty} u_n \pm \sum_{n=1}^{\infty} v_n.$$

性质 3　在级数中去掉、加上或改变有限项,不会改变级数的收敛性.

比如,级数 $1 + \frac{1}{2} + \frac{1}{2^2} + \cdots + \frac{1}{2^n} + \cdots$ 是收敛的.

级数 $100 + 1 + \frac{1}{2} + \frac{1}{2^2} + \cdots + \frac{1}{2^n} + \cdots$ 也是收敛的,

级数 $\dfrac{1}{2}+\dfrac{1}{2^2}+\cdots+\dfrac{1}{2^n}+\cdots$ 也是收敛的.

性质 4 如果级数 $\displaystyle\sum_{n=1}^{\infty}u_n$ 收敛,则对这级数的项任意加括号后所成的级数仍收敛,且其和不变.

值得注意的是,如果加括号后所成的级数收敛,去括号后的级数不一定也收敛. 例如,级数 $(1-1)+(1-1)+\cdots$ 收敛于零,但级数 $1-1+1-1+\cdots$ 却是发散的.

推论 若加括号后所成的级数发散,则原级数也发散.

性质 5（级数收敛的必要条件） 如果 $\displaystyle\sum_{n=1}^{\infty}u_n$ 收敛,则 $\displaystyle\lim_{n\to 0}u_n=0$.

证明 设 $\displaystyle\sum_{i=1}^{n}u_i=s_n$,且 $\displaystyle\lim_{n\to\infty}s_n=s$,则

$$\lim_{n\to\infty}u_n=\lim_{n\to\infty}(s_n-s_{n-1})=\lim_{n\to\infty}s_n-\lim_{n\to\infty}s_{n-1}=s-s=0.$$

例 4 证明调和级数 $\displaystyle\sum_{n=1}^{\infty}\dfrac{1}{n}=1+\dfrac{1}{2}+\dfrac{1}{3}+\cdots+\dfrac{1}{n}+\cdots$ 是发散的.

证明 假设级数 $\displaystyle\sum_{n=1}^{\infty}\dfrac{1}{n}$ 收敛,不妨令 $\displaystyle\sum_{n=1}^{\infty}\dfrac{1}{n}=s$,且 $\displaystyle\sum_{i=1}^{n}\dfrac{1}{i}=s_n$.

显然有 $\displaystyle\lim_{n\to\infty}s_n=s$ 及 $\displaystyle\lim_{n\to\infty}s_{2n}=s$,于是 $\displaystyle\lim_{n\to\infty}(s_{2n}-s_n)=0$.

但是又有

$$s_{2n}-s_n=\dfrac{1}{n+1}+\dfrac{1}{n+2}+\cdots+\dfrac{1}{2n}>\dfrac{1}{2n}+\dfrac{1}{2n}+\cdots+\dfrac{1}{2n}=\dfrac{1}{2},$$

故 $\displaystyle\lim_{n\to\infty}(s_{2n}-s_n)\neq 0$,矛盾. 这说明级数 $\displaystyle\sum_{n=1}^{\infty}\dfrac{1}{n}$ 必定发散.

习题 10－1

1. 是非题:

(1) 若级数 $\displaystyle\sum_{n=1}^{\infty}u_n$ 收敛,$\displaystyle\sum_{n=1}^{\infty}v_n$ 发散,则 $\displaystyle\sum_{n=1}^{\infty}(u_n\pm v_n)$ 必发散. ( )

(2) 若级数 $\displaystyle\sum_{n=1}^{\infty}u_n$,$\displaystyle\sum_{n=1}^{\infty}v_n$ 发散,则 $\displaystyle\sum_{n=1}^{\infty}(u_n\pm v_n)$ 必发散. ( )

(3) 若级数 $\displaystyle\sum_{n=1}^{\infty}(u_n\pm v_n)$ 收敛,则 $\displaystyle\sum_{n=1}^{\infty}u_n$ 与 $\displaystyle\sum_{n=1}^{\infty}v_n$ 均收敛. ( )

(4) 若 $\displaystyle\lim_{n\to\infty}u_n\neq 0$,则级数 $\displaystyle\sum_{n=1}^{\infty}u_n$ 必发散. ( )

(5) 若级数 $\displaystyle\sum_{n=1}^{\infty}u_n$ 收敛,则 $\displaystyle\sum_{n=1}^{\infty}(u_{2n-1}+u_{2n})$ 必收敛. ( )

(6) 若级数 $\displaystyle\sum_{n=1}^{\infty}(u_{2n-1}+u_{2n})$ 收敛,则 $\displaystyle\sum_{n=1}^{\infty}u_n$ 必收敛. ( )

2. 判断下列级数是否收敛,若收敛,求其和:

(1) $\sum\limits_{n=1}^{\infty} \dfrac{1}{(2n-1)(2n+1)}$;

(2) $\sum\limits_{n=1}^{\infty} \sin\dfrac{n\pi}{6}$;

(3) $\sum\limits_{n=1}^{\infty}\left(\dfrac{1}{2^n}+\dfrac{1}{3^n}\right)$;

(4) $\sum\limits_{n=1}^{\infty}\left(\dfrac{1}{4^n}+\dfrac{4}{n}\right)$;

(5) $\sum\limits_{n=1}^{\infty} n\ln\left(1+\dfrac{1}{n}\right)$;

(6) $\sum\limits_{n=1}^{\infty}\left(\sqrt{n+2}-2\sqrt{n+1}+\sqrt{n}\right)$.

3. 设 $\lim\limits_{n\to\infty} na_n$ 存在,且级数 $\sum\limits_{n=1}^{\infty} n(a_n-a_{n-1})$ 收敛,证明:级数 $\sum\limits_{n=1}^{\infty} a_n$ 收敛.

第二节　常数项级数的审敛法

一、正项级数及其审敛法

若常数项级数 $\sum\limits_{n=1}^{\infty} u_n$ 的每一项 $u_n\geqslant 0$,则称此级数为**正项级数**. 显然,正项级数部分和数列 $\{s_n\}$ 单调递增.

定理 1　正项级数 $\sum\limits_{n=1}^{\infty} u_n$ 收敛的充要条件是它的部分和数列 $\{s_n\}$ 有上界.

定理 2(比较审敛法)　设 $\sum\limits_{n=1}^{\infty} u_n$ 和 $\sum\limits_{n=1}^{\infty} v_n$ 是两个正项级数,且存在 N ,当 $n>N$ 时,有 $u_n\leqslant cv_n(c$ 是正数),则

(1) 若 $\sum\limits_{n=1}^{\infty} v_n$ 收敛,则 $\sum\limits_{n=1}^{\infty} u_n$ 收敛;

(2) 若 $\sum\limits_{n=1}^{\infty} u_n$ 发散,则 $\sum\limits_{n=1}^{\infty} v_n$ 发散.

证明　设 $s_n=u_1+u_2+\cdots+u_n,t_n=v_1+v_2+\cdots+v_n$,因为存在 $N,n>N$ 时, $u_n\leqslant cv_n$,所以, $n>N$ 时, $s_n\leqslant ct_n+s_N$.

若级数 $\sum\limits_{n=1}^{\infty} v_n$ 收敛,则 t_n 有界,因此 s_n 有界,故级数 $\sum\limits_{n=1}^{\infty} u_n$ 收敛;

若级数 $\sum\limits_{n=1}^{\infty} u_n$ 发散,则 s_n 无界,因此 t_n 无界,故级数 $\sum\limits_{n=1}^{\infty} v_n$ 发散.

例 1　判别级数 $\sum\limits_{n=1}^{\infty} \dfrac{1}{n2^n}$ 的收敛性.

解　因为 $u_n=\dfrac{1}{n2^n}\leqslant\dfrac{1}{2^n}(n=1,2,\cdots)$,而级数 $\sum\limits_{n=1}^{\infty} \dfrac{1}{2^n}$ 收敛,根据比较审敛法,级数 $\sum\limits_{n=1}^{\infty} \dfrac{1}{n2^n}$ 收敛.

例 2　讨论 p 级数 $\sum\limits_{n=1}^{\infty} \dfrac{1}{n^p}=1+\dfrac{1}{2^p}+\dfrac{1}{3^p}+\dfrac{1}{4^p}+\cdots+\dfrac{1}{n^p}+\cdots(p>0)$ 的收敛性.

解 设 $p \leqslant 1$，这时 $\dfrac{1}{n^p} \geqslant \dfrac{1}{n}$，即级数的各项不小于调和级数的对应项，而调和级数发散，

因此，由比较审敛法知：当 $p \leqslant 1$ 时，$\sum\limits_{n=1}^{\infty} \dfrac{1}{n^p}$ 发散.

设 $p > 1$，因为当 $k-1 \leqslant x \leqslant k$ 时，有 $\dfrac{1}{k^p} \leqslant \dfrac{1}{x^p}$，所以

$$\frac{1}{k^p} = \int_{k-1}^{k} \frac{1}{k^p} \mathrm{d}x \leqslant \int_{k-1}^{k} \frac{1}{x^p} \mathrm{d}x \quad (k = 2, 3, \cdots),$$

从而级数的部分和

$$s_n = 1 + \sum_{k=2}^{n} \frac{1}{k^p} \leqslant 1 + \sum_{k=2}^{n} \int_{k-1}^{k} \frac{1}{x^p} \mathrm{d}x = 1 + \int_{1}^{n} \frac{1}{x^p} \mathrm{d}x$$

$$= 1 + \frac{1}{p-1}\left(1 - \frac{1}{n^{p-1}}\right) < 1 + \frac{1}{p-1} \quad (n = 2, 3, \cdots),$$

即 $\{s_n\}$ 有界，因此，级数 $\sum\limits_{n=1}^{\infty} \dfrac{1}{n^p}$ 当 $p > 1$ 时收敛.

综合以上，得到：p-级数 $\sum\limits_{n=1}^{\infty} \dfrac{1}{n^p}$ 当 $p > 1$ 时收敛，当 $p \leqslant 1$ 时发散.

例 3 判定级数 $\sum\limits_{n=1}^{\infty} \dfrac{1}{n^2 - n + 1}$ 的敛散性.

解 由于 $n^2 - n + 1 > \dfrac{n^2}{2} \Rightarrow \dfrac{1}{n^2 - n + 1} < \dfrac{2}{n^2}$，而 $\sum\limits_{n=1}^{\infty} \dfrac{2}{n^2} = 2 \sum\limits_{n=1}^{\infty} \dfrac{1}{n^2}$ 是 $p = 2 > 1$ 的

p-级数，收敛，故原级数收敛.

定理 3（比较审敛法的极限形式） 设 $\sum\limits_{n=1}^{\infty} u_n$ 和 $\sum\limits_{n=1}^{\infty} v_n$ 是两个正项级数，且 $\lim\limits_{n \to \infty} \dfrac{u_n}{v_n} = l$，则

(1) $0 < l < +\infty$ 时，$\sum\limits_{n=1}^{\infty} u_n$ 和 $\sum\limits_{n=1}^{\infty} v_n$ 有相同的敛散性；

(2) $l = 0$ 时，$\sum\limits_{n=1}^{\infty} v_n$ 收敛 $\Rightarrow \sum\limits_{n=1}^{\infty} u_n$ 收敛；

(3) $l = +\infty$ 时，$\sum\limits_{n=1}^{\infty} v_n$ 发散 $\Rightarrow \sum\limits_{n=1}^{\infty} u_n$ 发散.

例 4 判别级数 $\sum\limits_{n=1}^{\infty} \sin^p \dfrac{\pi}{n} (p > 0)$ 的敛散性.

解 因为 $\lim\limits_{n \to \infty} \dfrac{\sin^p \dfrac{\pi}{n}}{\left(\dfrac{\pi}{n}\right)^p} = 1$，而当 $0 < p \leqslant 1$ 时，级数 $\sum\limits_{n=1}^{\infty} \left(\dfrac{\pi}{n}\right)^p = \pi^p \sum\limits_{n=1}^{\infty} \dfrac{1}{n^p}$ 发散，根据比

较审敛法的极限形式，级数 $\sum\limits_{n=1}^{\infty} \sin^p \dfrac{\pi}{n} (p > 0)$ 发散；当 $p > 1$ 时，级数 $\sum\limits_{n=1}^{\infty} \left(\dfrac{\pi}{n}\right)^p = \pi^p \sum\limits_{n=1}^{\infty} \dfrac{1}{n^p}$

收敛，根据比较审敛法的极限形式，级数 $\sum\limits_{n=1}^{\infty} \sin^p \dfrac{\pi}{n} (p > 0)$ 收敛.

例 5　判别级数 $\sum\limits_{n=1}^{\infty}\ln\left(1+\dfrac{1}{n^2}\right)$ 的敛散性.

解　因为 $\lim\limits_{n\to\infty}\dfrac{\ln\left(1+\dfrac{1}{n^2}\right)}{\dfrac{1}{n^2}}=1$,而级数 $\sum\limits_{n=1}^{\infty}\dfrac{1}{n^2}$ 收敛,根据比较审敛法的极限形式,级数

$\sum\limits_{n=1}^{\infty}\ln\left(1+\dfrac{1}{n^2}\right)$ 收敛.

定理 4（比值审敛法,达朗贝尔（D'Alembert）判别法）　设 $\sum\limits_{n=1}^{\infty}u_n$ 为正项级数,如果

$\lim\limits_{n\to\infty}\dfrac{u_{n+1}}{u_n}=l(l$ 有限或 $\infty)$,则

(1) 若 $l<1$,则级数收敛;

(2) 若 $l>1$,则级数发散;

(3) 若 $l=1$,则级数可能收敛,也可能发散.

D'Alembert 判别法适用于 u_n 和 u_{n+1} 有相同因子或连乘项的级数,特别是 u_n 中含有因子 $n!$ 者.

例 6　判别级数 $\dfrac{1}{2}+\dfrac{3}{2^2}+\dfrac{5}{2^3}+\cdots+\dfrac{2n-1}{2^n}+\cdots$ 的收敛性.

解　因为 $\lim\limits_{n\to\infty}\dfrac{u_{n+1}}{u_n}=\lim\limits_{n\to\infty}\dfrac{2n+1}{2n-1}\cdot\dfrac{2^n}{2^{n+1}}=\dfrac{1}{2}<1$,根据比值审敛法可知所给级数收敛.

定理 5（根值审敛法,柯西（Cauchy）判别法）　设 $\sum\limits_{n=1}^{\infty}u_n$ 为正项级数,且 $\lim\limits_{n\to\infty}\sqrt[n]{u_n}=l$,则

(1) $l<1$ 时,原级数收敛;

(2) $l>1$ 时,原级数发散;

(3) $l=1$ 时,级数可能收敛,也可能发散.

Cauchy 判别法适用于通项中含有以 n 作为指数的式子.

例 7　判别级数 $\sum\dfrac{3+(-1)^n}{2^n}$ 的敛散性.

解　$\lim\limits_{n\to\infty}\sqrt[n]{u_n}=\lim\limits_{n\to\infty}\dfrac{\sqrt[n]{3+(-1)^n}}{2}=\dfrac{1}{2}<1$,

根据根值审敛法可知原级数收敛.

例 8　判定级数 $\sum\limits_{n=1}^{\infty}\left(\dfrac{n}{2n+1}\right)^n$ 的敛散性.

解　因为

$$\lim\limits_{n\to\infty}\sqrt[n]{u_n}=\lim\limits_{n\to\infty}\dfrac{n}{2n+1}=\dfrac{1}{2}<1,$$

所以根据根值审敛法知所给级数收敛.

例 9　判定级数 $\sum\limits_{n=1}^{\infty}\dfrac{n+3}{n(n+1)(n+2)}$ 的敛散性.

解　因为 $\lim\limits_{n\to\infty}\dfrac{u_{n+1}}{u_n}=\lim\limits_{n\to\infty}\dfrac{n(n+4)}{(n+3)^2}=1$,比值法失效,同理,根值法也失效. 又

$$\frac{n+3}{n(n+1)(n+2)} \sim \frac{1}{n^2} (n \to \infty),$$

故 $\lim\limits_{n \to \infty} \dfrac{\dfrac{n+3}{n(n+1)(n+2)}}{\dfrac{1}{n^2}} = \lim\limits_{n \to \infty} \dfrac{n^2(n+3)}{n(n+1)(n+2)} = 1,$

而级数 $\sum\limits_{n=1}^{\infty} \dfrac{1}{n^2}$ 收敛,故原级数收敛.

注 意	运用比较审敛法时,常常选取 p -级数来作比较.

二、交错级数及其审敛法

若 $u_n > 0$,则称级数

$$\sum_{n=1}^{\infty} (-1)^{n-1} u_n = u_1 - u_2 + u_3 - u_4 + \cdots$$

或

$$\sum_{n=1}^{\infty} (-1)^n u_n = -u_1 + u_2 - u_3 + u_4 - \cdots$$

为**交错级数**,即交错级数的各项是正负交错的.

定理 6(莱布尼茨(Leibniz)定理)　如果交错级数 $\sum\limits_{n=1}^{\infty} (-1)^{n-1} u_n$ 满足条件:

(1) $u_n \geqslant u_{n+1} (n=1,2,3,\cdots)$;　　　　(2) $\lim\limits_{n \to \infty} u_n = 0$,

则级数收敛,且其和 $s \leqslant u_1$,其余项 r_n 的绝对值 $|r_n| \leqslant u_{n+1}$.

证明　$s_{2(n+1)} = (u_1 - u_2) + (u_3 - u_4) + \cdots + (u_{2n-1} - u_{2n}) + (u_{2n+1} - u_{2n+2})$

$\geqslant (u_1 - u_2) + (u_3 - u_4) + \cdots + (u_{2n-1} - u_{2n}) = s_{2n},$

故 $\{s_{2n}\}$ 单调递增.

又　　　　$s_{2n} = u_1 - (u_2 - u_3) - \cdots - (u_{2n-2} - u_{2n-1}) - u_{2n} \leqslant u_1,$

即数列 $\{s_{2n}\}$ 有界.

由单调有界原理,数列 $\{s_{2n}\}$ 收敛. 设 $\{s_{2n}\}$ 收敛于 s,又

$$s_{2n+1} = s_{2n} + u_{2n+1}, \lim\limits_{n \to \infty} s_{2n+1} = \lim\limits_{n \to \infty} s_{2n} + \lim\limits_{n \to \infty} u_{2n+1} = s + 0 = s,$$

故 $\{s_{2n+1}\}$ 收敛于 s,所以 $\lim\limits_{n \to \infty} s_n = s$.

由数列 $\{s_{2n}\}$ 有界性的证明可知,$0 \leqslant s = \sum\limits_{n=1}^{\infty} (-1)^{n-1} u_n \leqslant u_1$,且余项 $\sum\limits_{m=n}^{\infty} (-1)^m u_{m+1}$ 也为交错级数,故 $|r_n| \leqslant u_{n+1}$.

例 10　判别级数 $\sum\limits_{n=1}^{\infty} (-1)^{n-1} \dfrac{1}{\sqrt{n}}$ 的敛散性.

解　这是一个交错级数. 因为级数满足

(1) $u_n = \dfrac{1}{\sqrt{n}} > \dfrac{1}{\sqrt{n+1}} = u_{n+1}(n=1,2,\cdots)$; 　　(2) $\lim\limits_{n\to\infty} u_n = \lim\limits_{n\to\infty} \dfrac{1}{\sqrt{n}} = 0$.

由 Leibniz 定理，可知此级数收敛.

三、绝对收敛与条件收敛

若级数 $\sum\limits_{n=1}^{\infty} |u_n|$ 收敛，则称级数 $\sum\limits_{n=1}^{\infty} u_n$ **绝对收敛**；若级数 $\sum\limits_{n=1}^{\infty} u_n$ 收敛，而级数 $\sum\limits_{n=1}^{\infty} |u_n|$ 发散，则称级数 $\sum\limits_{n=1}^{\infty} u_n$ **条件收敛**.

定理 7　如果级数 $\sum\limits_{n=1}^{\infty} u_n$ 绝对收敛，则级数 $\sum\limits_{n=1}^{\infty} u_n$ 必定收敛.

> **注意**　如果级数 $\sum\limits_{n=1}^{\infty} |u_n|$ 发散，则不能断定级数 $\sum\limits_{n=1}^{\infty} u_n$ 也发散. 但是，如果我们用比值法或根值法判定级数 $\sum\limits_{n=1}^{\infty} |u_n|$ 发散，则我们可以断定级数 $\sum\limits_{n=1}^{\infty} u_n$ 必定发散. 这是因为，此时 $|u_n|$ 不趋向于零，从而 u_n 也不趋向于零，因此，级数 $\sum\limits_{n=1}^{\infty} u_n$ 也是发散的.

例 11　判别级数 $\sum\limits_{n=1}^{\infty} (-1)^n \dfrac{b^n}{n}(b>0)$ 的敛散性.

解　$\lim\limits_{n\to\infty} \left| \dfrac{u_{n+1}}{u_n} \right| = \lim\limits_{n\to\infty} \left| \dfrac{b^{n+1}}{n+1} \cdot \dfrac{n}{b^n} \right| = b \lim\limits_{n\to\infty} \dfrac{n}{n+1} = b.$

当 $0 < b < 1$ 时，根据比值判别法，原级数绝对收敛；$b>1$ 时，原级数发散；当 $b=1$ 时，原级数为 $\sum\limits_{n=1}^{\infty} (-1)^n \dfrac{1}{n}$，收敛，而 $\sum\limits_{n=1}^{\infty} |u_n| = \sum\limits_{n=1}^{\infty} \dfrac{1}{n}$，发散，故 $b=1$ 时，原级数条件收敛.

例 12　判别级数 $\sum\limits_{n=1}^{\infty} (-1)^{n-1} \dfrac{\sin n}{n^2}$ 的敛散性.

解　由 $|u_n| = \dfrac{|\sin n|}{n^2} \leqslant \dfrac{1}{n^2}$，而 $\sum\limits_{n=1}^{\infty} \dfrac{1}{n^2}$ 收敛，由比较审敛法，可知原级数绝对收敛.

习题　**10 - 2**

1. 是非题：

(1) $\lim\limits_{n\to\infty} \dfrac{a_{n+1}}{a_n} = \rho < 1$ 只是正项级数 $\sum\limits_{n=1}^{\infty} a_n$ 收敛的充分条件，而非必要条件.　　　　（　　）

(2) 若正项级数 $\sum\limits_{n=1}^{\infty} a_n$ 收敛，则必有 $\rho = \lim\limits_{n\to\infty} \sqrt[n]{a_n} < 1$.　　　　　　　（　　）

(3) 正项级数 $\sum\limits_{n=1}^{\infty} a_n$ 发散，则必有 $a_{n+1} \geqslant a_n$.　　　　　　　　　　　（　　）

(4) 若 $\sum\limits_{n=1}^{\infty}|a_n|$ 收敛,则 $\sum\limits_{n=1}^{\infty}a_n$ 一定收敛. （　　）

(5) 若级数 $\sum\limits_{n=1}^{\infty}a_n$ 收敛,则 $\sum\limits_{n=1}^{\infty}|a_n|$ 一定收敛. （　　）

(6) 若 $\sum\limits_{n=1}^{\infty}|a_n|$ 发散,则 $\sum\limits_{n=1}^{\infty}a_n$ 一定发散. （　　）

(7) 对一般项级数 $\sum\limits_{n=1}^{\infty}a_n$,若 $\lim\limits_{n\to\infty}\left|\dfrac{a_{n+1}}{a_n}\right|=\rho>1$ 或 $\lim\limits_{n\to\infty}\sqrt[n]{|a_n|}=\rho>1$,则 $\sum\limits_{n=1}^{\infty}a_n$ 必发散.

（　　）

2. 利用比较审敛法或极限形式的比较审敛法判别下列级数的收敛性:

(1) $\sum\limits_{n=1}^{\infty}\dfrac{1}{2n+1}$;

(2) $\sum\limits_{n=1}^{\infty}\dfrac{1}{(n+1)(n+4)}$;

(3) $\sum\limits_{n=1}^{\infty}\dfrac{6^n}{7^n-5^n}$;

(4) $\sum\limits_{n=1}^{\infty}\dfrac{1}{1+a^n}(a>0)$.

3. 利用比值审敛法判别下列级数的收敛性:

(1) $\sum\limits_{n=1}^{\infty}\dfrac{3^n}{n2^n}$;

(2) $\sum\limits_{n=1}^{\infty}\dfrac{n^2}{3^n}$;

(3) $\sum\limits_{n=1}^{\infty}\dfrac{n!}{n^n}a^n$;

(4) $\sum\limits_{n=1}^{\infty}n\tan\dfrac{\pi}{2^{n+1}}$.

4. 用根值审敛法判别下列级数的收敛性:

(1) $\sum\limits_{n=1}^{\infty}\left(\dfrac{2n}{n+1}\right)^n$;

(2) $\sum\limits_{n=1}^{\infty}\dfrac{1}{[\ln(1+n)]^n}$;

(3) $\sum\limits_{n=1}^{\infty}\dfrac{\left(1+\dfrac{1}{n}\right)^{n^2}}{3^n}$;

(4) $\sum\limits_{n=1}^{\infty}\left(\dfrac{b}{a_n}\right)^n$,其中 $\lim\limits_{n\to\infty}a_n=a,a_n,a,b$ 均为正数.

5. 判别下列级数的敛散性,若收敛,指明是绝对收敛还是条件收敛:

(1) $\sum\limits_{n=1}^{\infty}(-1)^n\dfrac{1}{\ln(1+n)}$;

(2) $\sum\limits_{n=1}^{\infty}(-1)^{n-1}(\sqrt{n+1}-\sqrt{n})$;

(3) $\sum\limits_{n=1}^{\infty}(-1)^{n+1}\dfrac{2^{n^2}}{n!}$;

(4) $\sum\limits_{n=1}^{\infty}(-1)^n\sin\dfrac{a}{n}(a>0)$.

6. 利用级数收敛的必要性,求证 $\lim\limits_{n\to\infty}\dfrac{n!}{n^n}=0$.

7. 求证:若级数 $\sum\limits_{n=1}^{\infty}a_n^2$ 和 $\sum\limits_{n=1}^{\infty}b_n^2$ 都收敛,则级数 $\sum\limits_{n=1}^{\infty}|a_nb_n|$,$\sum\limits_{n=1}^{\infty}(a_n+b_n)^2$ 及 $\sum\limits_{n=1}^{\infty}\dfrac{|a_n|}{n}$ 均收敛.

第三节　幂级数

一、函数项级数的概念

设 $\{u_n(x)\}$ 为定义在区间 I 上的函数列,由这个函数列构成的表达式

$$u_1(x) + u_2(x) + u_3(x) + \cdots + u_n(x) + \cdots,$$

称为定义在区间 I 上的**函数项级数**，记为 $\sum\limits_{n=1}^{\infty} u_n(x)$. 以后用 $\sum u_n(x)$ 作为 $\sum\limits_{n=1}^{\infty} u_n(x)$ 的简便记法.

对于 $x_0 \in I$，若常数项级数 $\sum\limits_{n=1}^{\infty} u_n(x_0)$ 收敛，则称点 x_0 是级数 $\sum\limits_{n=1}^{\infty} u_n(x)$ 的**收敛点**. 若常数项级数 $\sum\limits_{n=1}^{\infty} u_n(x_0)$ 发散，则称点 x_0 是级数 $\sum\limits_{n=1}^{\infty} u_n(x)$ 的**发散点**. 所有收敛点的全体称为它的**收敛域**，所有发散点的全体称为它的**发散域**. 在收敛域上，函数项级数 $\sum\limits_{n=1}^{\infty} u_n(x)$ 的和是 x 的函数 $s(x)$，$s(x)$ 称为函数项级数 $\sum\limits_{n=1}^{\infty} u_n(x)$ 的**和函数**，并写成 $s(x) = \sum\limits_{n=1}^{\infty} u_n(x)$.

函数项级数 $\sum u_n(x)$ 的前 n 项的**部分和**记作 $s_n(x)$，即

$$s_n(x) = u_1(x) + u_2(x) + u_3(x) + \cdots + u_n(x).$$

在收敛域上有 $\lim\limits_{n \to \infty} s_n(x) = s(x)$ 或 $s_n(x) \to s(x) (n \to \infty)$.

函数项级数 $\sum\limits_{n=1}^{\infty} u_n(x)$ 的和函数 $s(x)$ 与部分和 $s_n(x)$ 的差 $r_n(x) = s(x) - s_n(x)$ 叫作函数项级数 $\sum\limits_{n=1}^{\infty} u_n(x)$ 的**余项**. 在收敛域上有 $\lim\limits_{n \to \infty} r_n(x) = 0$.

二、幂级数及其收敛性

形如 $\sum\limits_{n=0}^{\infty} a_n x^n = a_0 + a_1 x + a_2 x^2 + \cdots + a_n x^n + \cdots$ 的函数项级数称为 x 的**幂级数**；形如 $\sum\limits_{n=0}^{\infty} a_n (x - x_0)^n$ 的函数项级数称为 $(x - x_0)$ 的**幂级数**，其中常数 $a_0, a_1, a_2, \cdots, a_n, \cdots$ 叫作幂级数的**系数**. 幂级数是函数项级数中简单而常见的类型. 如

$$1 + x + x^2 + x^3 + \cdots + x^n + \cdots,$$
$$1 + x + \frac{1}{2!} x^2 + \cdots + \frac{1}{n!} x^n + \cdots.$$

定理 1（阿贝尔（Abel）定理） （1）若幂级数 $\sum\limits_{n=0}^{\infty} a_n x^n$ 在点 $x = x_0 (x_0 \neq 0)$ 收敛，则对于满足不等式 $|x| < |x_0|$ 的一切 x，幂级数 $\sum\limits_{n=0}^{\infty} a_n x^n$ 收敛而且绝对收敛；

（2）若幂级数 $\sum\limits_{n=0}^{\infty} a_n x^n$ 在点 $x = x_0$ 发散，则对于满足不等式 $|x| > |x_0|$ 的一切 x，幂级数 $\sum\limits_{n=0}^{\infty} a_n x^n$ 发散.

证明 （1）因 $\sum\limits_{n=0}^{\infty} a_n x_0^n$ 收敛，所以 $\lim\limits_{n \to \infty} a_n x_0^n = 0$，故存在 $k > 0$，使得 $|a_n x_0^n| < k$（收敛数列必有界）. 而

$$\left| a_n x^n \right| = \left| a_n x_0^n \right| \left| \frac{x}{x_0} \right|^n < k \left| \frac{x}{x_0} \right|^n,$$

$\sum\limits_{n=0}^{\infty} k\left(\frac{x}{x_0} \right)^n$ 为几何级数, 当 $\left| \frac{x}{x_0} \right| < 1$ 即 $|x| < |x_0|$ 时, 收敛, 故级数 $\sum |a_n x^n|$ 收敛, 则原级数绝对收敛.

(2) 用反证法. 若存在一点 $x_2 (|x_2| > |x_1|)$, 使 $\sum\limits_{n=0}^{\infty} a_n x_2^n$ 收敛, 则由 (1) 知, 级数 $\sum\limits_{n=0}^{\infty} a_n x_1^n$ 收敛, 与题设矛盾.

由以上证明可知, 幂级数的收敛域是数轴上以原点为中心的对称区间, 因此, 存在非负数 R, 使 $|x| < R$ 时级数收敛, $|x| > R$ 时级数发散, 称 R 为幂级数的收敛半径. 开区间 $(-R, R)$ 称为幂级数的收敛区间. 再由幂级数在 $x = \pm R$ 处的收敛性就可以决定它的收敛域是 $(-R, R)$, $[-R, R)$, $(-R, R]$ 或 $[-R, R]$ 这四个区间之一.

推论 如果级数 $\sum\limits_{n=0}^{\infty} a_n x^n$ 不是仅在点 $x = 0$ 一点收敛, 也不是在整个数轴上都收敛, 则必有一个完全确定的正数 R 存在, 使得

(1) 当 $|x| < R$ 时, 幂级数绝对收敛;

(2) 当 $|x| > R$ 时, 幂级数发散;

(3) 当 $x = R$ 与 $x = -R$ 时, 幂级数可能收敛, 也可能发散.

规定: 若幂级数 $\sum\limits_{n=0}^{\infty} a_n x^n$ 只在 $x = 0$ 处收敛, 则规定收敛半径 $R = 0$, 若幂级数 $\sum\limits_{n=0}^{\infty} a_n x^n$ 对一切 x 都收敛, 则规定收敛半径 $R = +\infty$, 这时收敛域为 $(-\infty, +\infty)$.

下面给出幂级数收敛半径的求法.

定理 2 若幂级数 $\sum\limits_{n=0}^{\infty} a_n x^n$ 的系数满足 $\lim\limits_{n \to \infty} \left| \frac{a_{n+1}}{a_n} \right| = \rho$ (或 $\lim\limits_{n \to \infty} \sqrt[n]{|a_n|} = \rho$), 则

(1) $0 < \rho < +\infty$ 时, 收敛半径 $R = \dfrac{1}{\rho}$;

(2) $\rho = 0$ 时, 收敛半径 $R = +\infty$;

(3) $\rho = +\infty$ 时, 收敛半径 $R = 0$.

当 $x = \pm R$ 时, 幂级数 $\sum\limits_{n=0}^{\infty} a_n x^n$ 的敛散性不能确定, 要讨论常数项级数 $\sum\limits_{n=0}^{\infty} a_n (\pm R)^n$ 的敛散性.

证明 $\lim\limits_{n \to \infty} \left| \frac{a_{n+1} x^{n+1}}{a_n x^n} \right| = \lim\limits_{n \to \infty} \left| \frac{a_{n+1}}{a_n} \right| \cdot |x| = \rho |x|.$

(1) 如果 $0 < \rho < +\infty$, 则只当 $\rho |x| < 1$ 时幂级数收敛, 故 $R = \dfrac{1}{\rho}$.

(2) 如果 $\rho = 0$, 则幂级数总是收敛的, 故 $R = +\infty$.

(3) 如果 $\rho = +\infty$, 则只当 $x = 0$ 时幂级数收敛, 故 $R = 0$.

例 1 求幂级数

$$\sum_{n=0}^{\infty} x^n = 1 + x + x^2 + x^3 + \cdots + x^n + \cdots$$

的收敛半径与收敛域.

解 因为 $\rho = \lim\limits_{n \to \infty} \left| \dfrac{a_{n+1}}{a_n} \right| = 1$, 所以收敛半径为 $R = \dfrac{1}{\rho} = 1$.

当 $x = 1$ 时, 幂级数成为 $\sum\limits_{n=1}^{\infty} 1^n = \infty$, 发散; 当 $x = -1$ 时, 幂级数成为 $\sum\limits_{n=1}^{\infty} (-1)^n$, 也发散. 因此, 收敛域为 $(-1, 1)$.

例 2 求幂级数 $\sum\limits_{n=0}^{\infty} \dfrac{1}{n!} x^n = 1 + x + \dfrac{1}{2!} x^2 + \dfrac{1}{3!} x^3 + \cdots + \dfrac{1}{n!} x^n + \cdots$ 的收敛域.

解 因为 $\rho = \lim\limits_{n \to \infty} \left| \dfrac{a_{n+1}}{a_n} \right| = \lim\limits_{n \to \infty} \dfrac{\dfrac{1}{(n+1)!}}{\dfrac{1}{n!}} = \lim\limits_{n \to \infty} \dfrac{n!}{(n+1)!} = 0$,

所以收敛半径为 $R = +\infty$, 从而收敛域为 $(-\infty + \infty)$.

例 3 求幂级数 $\sum\limits_{n=0}^{\infty} \dfrac{n x^{2n+1}}{(-3)^n + 2^n}$ 的收敛半径.

解 级数缺少偶次幂的项, 定理 2 不能应用. 可根据比值审敛法来求收敛半径:

$$
\begin{aligned}
\lim_{n \to \infty} \left| \frac{u_{n+1}}{u_n} \right| &= \lim_{n \to \infty} \left| \frac{a_{n+1} x^{n+1}}{a_n x^n} \right| = |x|^2 \lim_{n \to \infty} \left| \frac{(n+1)}{(-3)^{n+1} + 2^{n+1}} \cdot \frac{(-3)^n + 2^n}{n} \right| \\
&= |x|^2 \lim_{n \to \infty} \left| \frac{n+1}{n} \cdot \frac{(-3)^n + 2^n}{-3 (-3)^n + 2 \cdot 2^n} \right| \\
&= |x|^2 \lim_{n \to \infty} \left| \frac{1 + \left(-\frac{2}{3} \right)^n}{-3 + 2 \left(-\frac{2}{3} \right)^n} \right| = \frac{1}{3} |x|^2.
\end{aligned}
$$

令 $\dfrac{1}{3} |x|^2 < 1$, 则 $|x| < \sqrt{3}$, 故收敛半径 $R = \sqrt{3}$.

当 $x = \sqrt{3}$ 时, 原级数为 $\sum\limits_{n=1}^{\infty} \dfrac{n \cdot 3^n}{(-3)^n + 2^n} \sqrt{3}$, 则

$$
\lim_{n \to \infty} u_n = \sqrt{3} \lim_{n \to \infty} \frac{n \cdot 3^n}{(-3)^n + 2^n} = \sqrt{3} \lim_{n \to \infty} \frac{n}{(-1)^n + \left(\frac{2}{3} \right)^n} \neq 0,
$$

故此时原级数发散; 同理, $x = -\sqrt{3}$ 时, 原级数也发散. 故原级数的收敛域为 $(-\sqrt{3}, \sqrt{3})$.

例 4 求幂级数 $\sum\limits_{n=1}^{\infty} \dfrac{(x-3)^n}{3^n n}$ 的收敛域.

解 比值判别法. $\lim\limits_{n \to \infty} \left| \dfrac{u_{n+1}}{u_n} \right| = \lim\limits_{n \to \infty} \left| \dfrac{\dfrac{(x-3)^{n+1}}{3^{n+1} (n+1)}}{\dfrac{(x-3)^n}{3^n n}} \right| = |x-3| \lim\limits_{n \to \infty} \dfrac{n}{3(n+1)} = \dfrac{|x-3|}{3}$.

令 $\dfrac{|x-3|}{3} < 1$, 则 $0 < x < 6$, 故收敛半径 $R = \dfrac{6-0}{2} = 3$.

当 $x=0$ 时,原级数为 $\sum\limits_{n=1}^{\infty}\dfrac{(-3)^n}{3^n n}=\sum\limits_{n=1}^{\infty}\dfrac{(-1)^n}{n}$,交错级数,满足 Leibniz 定理条件,收敛;

当 $x=6$ 时,原级数为 $\sum\limits_{n=1}^{\infty}\dfrac{(6-3)^n}{3^n n}=\sum\limits_{n=1}^{\infty}\dfrac{1}{n}$,调和级数,发散.

因此,原级数收敛域为 $[0,6)$.

三、幂级数的运算

设幂级数 $\sum\limits_{n=0}^{\infty}a_n x^n$ 和 $\sum\limits_{n=0}^{\infty}b_n x^n$ 在点 $x=0$ 的某邻域内相等是指:它们在该邻域内收敛且有相同的和函数.

幂级数的运算性质:

设幂级数 $\sum\limits_{n=0}^{\infty}a_n x^n$ 和 $\sum\limits_{n=0}^{\infty}b_n x^n$ 的收敛半径分别为 R_a 和 R_b,令 $R=\min\{R_a,R_b\}$,则在 $(-R,R)$ 内

(1) $\sum\limits_{n=0}^{\infty}\lambda a_n x^n=\lambda\sum\limits_{n=0}^{\infty}a_n x^n$,$|x|<R_a$,$\lambda$ 是常数,$\lambda\neq 0$.

(2) $\sum\limits_{n=0}^{\infty}a_n x^n\pm\sum\limits_{n=0}^{\infty}b_n x^n=\sum\limits_{n=0}^{\infty}(a_n\pm b_n)x^n$,$|x|<R$.

(3) $\left(\sum\limits_{n=0}^{\infty}a_n x^n\right)\left(\sum\limits_{n=0}^{\infty}b_n x^n\right)=\sum\limits_{n=0}^{\infty}c_n x^n$,其中 $c_n=\sum\limits_{k=0}^{n}a_k b_{n-k}$,$|x|<R$.

和函数性质:

性质 1 幂级数 $\sum\limits_{n=0}^{\infty}a_n x^n$ 的和函数 $s(x)$ 在其收敛域 I 上连续.

如果幂级数在 $x=R$(或 $x=-R$)也收敛,则和函数 $s(x)$ 在 $(-R,R]$(或 $[-R,R)$)连续.

性质 2(逐项积分) 幂级数 $\sum\limits_{n=0}^{\infty}a_n x^n$ 的和函数 $s(x)$ 在其收敛域 I 上可积,并且有逐项积分公式

$$\int_0^x s(x)\mathrm{d}x=\int_0^x\left(\sum\limits_{n=0}^{\infty}a_n x^n\right)\mathrm{d}x=\sum\limits_{n=0}^{\infty}\int_0^x a_n x^n\mathrm{d}x=\sum\limits_{n=0}^{\infty}\frac{a_n}{n+1}x^{n+1}\ (x\in I).$$

性质 3(逐项微分) 幂级数 $\sum\limits_{n=0}^{\infty}a_n x^n$ 的和函数 $s(x)$ 在其收敛区间 $(-R,R)$ 内可导,并且有逐项求导公式

$$s'(x)=\left(\sum\limits_{n=0}^{\infty}a_n x^n\right)'=\sum\limits_{n=0}^{\infty}(a_n x^n)'=\sum\limits_{n=1}^{\infty}na_n x^{n-1}(|x|<R).$$

逐项积分或逐项求导后所得到的幂级数和原级数有相同的收敛半径.

例 5 求幂级数 $\sum\limits_{n=1}^{\infty}2nx^{2n-1}$ 的和函数.

解 首先求得幂级数的收敛域为 $(-1,1)$.

设和函数为 $s(x)$，即 $s(x)=\sum\limits_{n=1}^{\infty}2nx^{2n-1},x\in(-1,1)$，所以

$$s(x)=\sum_{n=1}^{\infty}2nx^{2n-1}=\sum_{n=1}^{\infty}(x^{2n})'=\Big(\sum_{n=1}^{\infty}x^{2n}\Big)'=\Big[\sum_{n=1}^{\infty}(x^2)^n\Big]'$$

$$=\Big[\sum_{n=0}^{\infty}(x^2)^n-1\Big]'=\Big(\frac{1}{1-x^2}-1\Big)'$$

$$=\Big(\frac{x^2}{1-x^2}\Big)'=\frac{2x}{(1-x^2)^2},x\in(-1,1).$$

因此，原级数的和函数为：$s(x)=\dfrac{2x}{(1-x^2)^2},x\in(-1,1).$

例 6　求幂级数 $\sum\limits_{n=0}^{\infty}\dfrac{x^n}{n+1}$ 的和函数.

解　先求收敛域. 由

$$\lim_{n\to\infty}\Big|\frac{a_{n+1}}{a_n}\Big|=\lim_{n\to\infty}\frac{n+1}{n+2}=1$$

知收敛半径 $R=1$.

在端点 $x=-1$ 处，幂级数为 $\sum\limits_{n=0}^{\infty}\dfrac{(-1)^n}{n+1}$，是交错级数，由莱布尼茨审敛法知其收敛；在端点 $x=1$ 处，幂级数为 $\sum\limits_{n=0}^{\infty}\dfrac{1}{n+1}$，是发散的. 因此，收敛域为 $[-1,1)$.

设和函数为 $s(x)$，即

$$s(x)=\sum_{n=0}^{\infty}\frac{x^n}{n+1},x\in[-1,1),$$

于是　　　　　　　　　　　$$xs(x)=\sum_{n=0}^{\infty}\frac{x^{n+1}}{n+1},$$

逐项求导，并由

$$\frac{1}{1-x}=1+x+x^2+\cdots+x^n+\cdots\quad(-1<x<1),$$

得　　　　$$[xs(x)]'=\sum_{n=0}^{\infty}\Big(\frac{x^{n+1}}{n+1}\Big)'=\sum_{n=0}^{\infty}x^n=\frac{1}{1-x}\quad(-1<x<1).$$

对上式从 0 到 x 积分，得

$$xs(x)=\int_0^x\frac{1}{1-x}\mathrm{d}x=-\ln(1-x)\quad(-1\leqslant x<1).$$

于是，当 $x\neq0$ 时，有 $s(x)=-\dfrac{1}{x}\ln(1-x)$. 而 $s(0)=a_0=1$，故

$$s(x)=\begin{cases}-\dfrac{1}{x}\ln(1-x)&x\in[-1,0)\bigcup(0,1)\\[2mm]1&x=0\end{cases}$$

习题 10-3

1. 填空题:

(1) $\sum\limits_{n=1}^{\infty} \dfrac{x^n}{n}$ 的收敛半径 $R =$ _____,收敛域为 _____.

(2) $\sum\limits_{n=0}^{\infty} a_n x^n$ 的收敛域为 $[-2,2)$,则 $\sum\limits_{n=0}^{\infty} a_n x^{2n}$ 的收敛域为 _____.

(3) $\sum\limits_{n=0}^{\infty} a_n x^n$ 的收敛域为 $(-1,1]$,则 $\sum\limits_{n=0}^{\infty} a_n (x+1)^n$ 的收敛域为 _____.

(4) 幂级数 $\sum\limits_{n=0}^{\infty} a_n (x-1)^{2n}$ 在 $x=2$ 处条件收敛,则其收敛域为 _____.

2. 求下列幂级数的收敛半径和收敛区间:

(1) $\sum\limits_{n=1}^{\infty} n x^n$;

(2) $\sum\limits_{n=1}^{\infty} \dfrac{x^n}{n^{3n}}$;

(3) $\sum\limits_{n=1}^{\infty} (-1)^n \dfrac{x^{2n+1}}{2n+1}$;

(4) $\sum\limits_{n=1}^{\infty} \dfrac{(x-5)^n}{\sqrt{n}}$.

3. 求下列幂级数的收敛区间及其收敛区间内的和函数:

(1) $\sum\limits_{n=1}^{\infty} \dfrac{x^{4n+1}}{4n+1}$;

(2) $\sum\limits_{n=1}^{\infty} n x^n$;

(3) $\sum\limits_{n=1}^{\infty} n^2 x^{n-1}$,并求 $\sum\limits_{n=1}^{\infty} (-1)^{n+1} \dfrac{n^2}{2^{n+1}}$ 的和.

第四节 函数展开成幂级数

一、泰勒级数

上节我们讨论了幂级数的和函数的求法,反过来,给定函数 $f(x)$,我们是否能找到一个幂级数,使它在某区间内收敛,且其和恰好就是给定的函数 $f(x)$. 如果能找到这样的幂级数,我们就说,函数 $f(x)$ 在该区间内能展开成幂级数,或简单地说**函数 $f(x)$ 能展开成幂级数**,而这个幂级数在该区间内就表达了函数 $f(x)$.

在讲导数应用时我们已经知道,若函数 $f(x)$ 在点 x_0 的某一邻域内具有直到 $(n+1)$ 阶的导数,则在该邻域内 $f(x)$ 的 n 阶泰勒公式

$$f(x)=f(x_0)+f'(x_0)(x-x_0)+\frac{f''(x_0)}{2!}(x-x_0)^2+\cdots+\frac{f^{(n)}(x_0)}{n!}(x-x_0)^n+R_n(x) \quad (1)$$

成立,其中 $R_n(x)$ 为拉格朗日型余项:

$$R_n(x)=\frac{f^{(n+1)}(\xi)}{(n+1)!}(x-x_0)^{n+1},$$

ξ 是 x 与 x_0 之间的某个值. 这时,在该邻域内 $f(x)$ 可以用 n 次多项式

$$p_n(x) = f(x_0) + f'(x_0)(x-x_0) + \frac{f''(x_0)}{2!}(x-x_0)^2 + \cdots + \frac{f^{(n)}(x_0)}{n!}(x-x_0)^n \quad (2)$$

来近似表达,并且误差等于余项的绝对值 $|R_n(x)|$. 显然,如果 $|R_n(x)|$ 随着 n 的增大而减小,那么我们就可以用增加多项式(2)的项数的办法来提高精确度.

如果 $f(x)$ 在点 x_0 的某邻域内具有各阶导数 $f'(x), f''(x), \cdots, f^{(n)}(x), \cdots$,这时我们可以设想多项式(2)的项数趋向无穷而成为幂级数

$$f(x_0) + f'(x_0)(x-x_0) + \frac{f''(x_0)}{2!}(x-x_0)^2 + \cdots + \frac{f^{(n)}(x_0)}{n!}(x-x_0)^n + \cdots. \quad (3)$$

幂级数(3)称为函数 $f(x)$ 的**泰勒级数**,式(2)称为**泰勒多项式**. 显然,当 $x=x_0$ 时,$f(x)$ 的泰勒级数收敛于 $f(x_0)$,但除了 $x=x_0$ 外,它是否一定收敛? 如果它收敛,它是否一定收敛于 $f(x)$? 关于这些问题,有下述定理.

定理 设函数 $f(x)$ 在点 x_0 的某一邻域 $U(x_0)$ 内具有各阶导数,则 $f(x)$ 在该邻域内能展开成泰勒级数的充分必要条件是 $f(x)$ 的泰勒公式中的余项 $R_n(x)$ 当 $n \to \infty$ 时的极限为零,即

$$\lim_{n \to \infty} R_n(x) = 0 \quad (x \in U(x_0)).$$

证明 先证必要性. 设 $f(x)$ 在 $U(x_0)$ 内能展开为泰勒级数,即

$$f(x) = f(x_0) + f'(x_0)(x-x_0) + \frac{f''(x_0)}{2!}(x-x_0)^2 + \cdots + \frac{f^{(n)}(x_0)}{n!}(x-x_0)^n + \cdots \quad (4)$$

对一切 $x \in U(x_0)$ 成立. 我们把 $f(x)$ 的 n 阶泰勒公式(1)写成

$$f(x) = s_{n+1}(x) + R_n(x), \quad (1')$$

其中 $s_{n+1}(x)$ 是 $f(x)$ 的泰勒级数(3)的前 $(n+1)$ 项之和,因为由(4)式有

$$\lim_{n \to \infty} s_{n+1}(x) = f(x),$$

所以
$$\lim_{n \to \infty} R_n(x) = \lim_{n \to \infty} [f(x) - s_{n+1}(x)] = f(x) - f(x) = 0.$$

这就证明了条件是必要的.

再证充分性. 设 $\lim_{n \to \infty} R_n(x) = 0$ 对一切 $x \in U(x_0)$ 成立,由 $f(x)$ 的 n-阶泰勒公式(1') 有

$$s_{n+1}(x) = f(x) - R_n(x).$$

令 $n \to \infty$,取上式的极限,得

$$\lim_{n \to \infty} s_{n+1}(x) = \lim_{n \to \infty} [f(x) - R_n(x)] = f(x),$$

即 $f(x)$ 的泰勒级数(3)在 $U(x_0)$ 内收敛,并且收敛于 $f(x)$,因此,条件是充分的. 定理证毕.

在泰勒级数中取 $x_0 = 0$,得

$$f(0) + f'(0)x + \frac{f''(0)}{2!}x^2 + \cdots + \frac{f^{(n)}(0)}{n!}x^n + \cdots,$$

此级数称为 $f(x)$ 的麦克劳林级数.

如果 $f(x)$ 能展开成 x 的幂级数,那么这种展式是唯一的,它一定与 $f(x)$ 的麦克劳林级数一致. 事实上,如果 $f(x)$ 在点 $x_0=0$ 的某邻域 $(-R,R)$ 内能展开成 x 的幂级数,即

$$f(x)=a_0+a_1x+a_2x^2+\cdots+a_nx^n+\cdots,$$

那么根据幂级数在收敛区间内可以逐项求导,有

$$f'(x)=a_1+2a_2x+3a_3x^2+\cdots+na_nx^{n-1}+\cdots,$$
$$f''(x)=2!\,a_2+3\cdot2a_3x+\cdots+n(n-1)a_nx^{n-2}+\cdots,$$
$$f'''(x)=3!\,a_3+\cdots+n(n-1)(n-2)a_nx^{n-3}+\cdots,$$
$$\cdots\cdots$$
$$f^{(n)}(x)=n!\,a_n+(n+1)n(n-1)\cdots2a_{n+1}x+\cdots.$$

把 $x=0$ 代入以上各式,得

$$a_0=f(0),a_1=f'(0),a_2=\frac{f''(0)}{2!},\cdots,a_n=\frac{f^{(n)}(0)}{n!},\cdots.$$

由函数 $f(x)$ 的展开式的唯一性可知,如果 $f(x)$ 能展开成 x 的幂级数,那么这个幂级数就是 $f(x)$ 的麦克劳林级数. 但是,反过来如果 $f(x)$ 的麦克劳林级数在点 $x_0=0$ 的某邻域内收敛,它却不一定收敛于 $f(x)$. 因此,如果 $f(x)$ 在 $x_0=0$ 处具有各阶导数,则 $f(x)$ 的麦克劳林级数(5)虽能作出来,但这个级数是否能在某个区间内收敛,以及是否收敛于 $f(x)$ 却需要进一步考察.

二、函数展开成幂级数

要把函数 $f(x)$ 展开成 x 的幂级数,可以按照下列步骤进行:

第一步 求出 $f(x)$ 的各阶导数 $f'(x),f''(x),\cdots,f^{(n)}(x),\cdots$,如果在 $x=0$ 处某阶导数不存在,就停止进行.

第二步 求函数及其各阶导数在 $x=0$ 处的值 $f(0),f'(0),f''(0),\cdots,f^{(n)}(0),\cdots$.

第三步 写出幂级数

$$f(0)+f'(0)x+\frac{f''(0)}{2!}x^2+\cdots+\frac{f^{(n)}(0)}{n!}x^n+\cdots,$$

并求出收敛半径 R.

第四步 考察当 x 在区间 $(-R,R)$ 内时,余项 $R_n(x)$ 的极限

$$\lim_{n\to\infty}R_n(x)=\lim_{n\to\infty}\frac{f^{(n+1)}(\xi)}{(n+1)!}x^{n+1}\quad(\xi\text{在}0\text{与}x\text{之间})$$

是否为零. 如果为零,则函数 $f(x)$ 在区间 $(-R,R)$ 内的幂级数展开式为

$$f(x)=f(0)+f'(0)x+\frac{f''(0)}{2!}x^2+\cdots+\frac{f^{(n)}(0)}{n!}x^n+\cdots\quad(-R<x<R).$$

例1 将函数 $f(x)=\mathrm{e}^x$ 展开成 x 的幂级数.

解 因 $f^{(n)}(x)=\mathrm{e}^x(n=1,2,\cdots)$,$f^{(n)}(0)=1(n=0,1,2,\cdots)$,这里 $f^{(0)}(0)=f(0)$. 于是得级数

$$1+x+\frac{x^2}{2!}+\cdots+\frac{x^n}{n!}+\cdots,$$

它的收敛半径 $R=+\infty$.

对于任何有限的数 x,ξ(ξ 在 0 与 x 之间),余项的绝对值为

$$|R_n(x)|=\left|\frac{e^\xi}{(n+1)!}x^{n+1}\right|<e^{|x|}\cdot\frac{|x|^{n+1}}{(n+1)!},$$

因 $e^{|x|}$ 有限,而 $\frac{|x|^{n+1}}{(n+1)!}$ 是收敛级数 $\sum\limits_{n=0}^{\infty}\frac{|x|^{n+1}}{(n+1)!}$ 的一般项,所以当 $n\to\infty$ 时,

$e^{|x|}\cdot\frac{|x|^{n+1}}{(n+1)!}\to0$,即当 $n\to\infty$ 时,有 $|R_n(x)|\to0$. 于是得展开式

$$e^x=1+x+\frac{x^2}{2!}+\cdots+\frac{x^n}{n!}+\cdots\quad(-\infty<x<+\infty).$$

例2 将函数 $f(x)=\sin x$ 展开成 x 的幂级数.

解 因为 $f^{(n)}(x)=\sin\left(x+n\cdot\frac{\pi}{2}\right)(n=1,2,\cdots)$,

所以 $f^{(n)}(0)$ 顺序循环地取 $0,1,0,-1,\cdots(n=0,1,2,3,\cdots)$,于是得级数

$$x-\frac{x^3}{3!}+\frac{x^5}{5!}-\cdots+(-1)^{n-1}\frac{x^{2n-1}}{(2n-1)!}+\cdots,$$

它的收敛半径为 $R=+\infty$.

对于任何有限的数 x,ξ(ξ 介于 0 与 x 之间),有

$$|R_n(x)|=\left|\frac{\sin\left[\xi+\frac{(n+1)\pi}{2}\right]}{(n+1)!}x^{n+1}\right|\leqslant\frac{|x|^{n+1}}{(n+1)!}\to0\ (n\to\infty).$$

因此,得展开式

$$\sin x=x-\frac{x^3}{3!}+\frac{x^5}{5!}-\cdots+(-1)^{n-1}\frac{x^{2n-1}}{(2n-1)!}+\cdots(-\infty<x<+\infty).$$

同理有

$$\cos x=1-\frac{x^2}{2!}+\frac{x^4}{4!}-\cdots+(-1)^n\frac{x^{2n}}{(2n)!}+\cdots\quad(-\infty<x<+\infty).$$

例3 将函数 $f(x)=(1+x)^m$ 展开成 x 的幂级数,其中 m 为任意常数.

解 $f(x)$ 的各阶导数为

$$f'(x)=m(1+x)^{m-1},$$
$$f''(x)=m(m-1)(1+x)^{m-2},$$
$$\cdots\cdots$$
$$f^{(n)}(x)=m(m-1)(m-2)\cdots(m-n+1)(1+x)^{m-n},$$
$$\cdots\cdots$$

所以 $f(0)=1, f'(0)=m, f''(0)=m(m-1), \cdots, f^{(n)}(0)=m(m-1)(m-2)\cdots(m-n+1), \cdots.$

于是得幂级数

$$1+mx+\frac{m(m-1)}{2!}x^2+\cdots+\frac{m(m-1)\cdots(m-n+1)}{n!}x^n+\cdots.$$

可以证明

$$(1+x)^m=1+mx+\frac{m(m-1)}{2!}x^2+\cdots+\frac{m(m-1)\cdots(m-n+1)}{n!}x^n+\cdots(-1<x<1).$$

这个公式又称为二项展开式.

除了直接利用展开公式,还可以利用幂级数的运算法则、逐项积分、逐项求导等性质采用间接展开法. 例如,前面我们直接利用展开公式求了 $\cos x$ 的展开式,还可以利用间接方法求它. 已知

$$\sin x=x-\frac{x^3}{3!}+\frac{x^5}{5!}-\cdots+(-1)^{n-1}\frac{x^{2n-1}}{(2n-1)!}+\cdots(-\infty<x<+\infty),$$

对上式两边求导得

$$\cos x=1-\frac{x^2}{2!}+\frac{x^4}{4!}-\cdots+(-1)^n\frac{x^{2n}}{(2n)!}+\cdots(-\infty<x<+\infty).$$

例 4 将函数 $f(x)=\arctan\dfrac{1+x}{1-x}$ 展开成 x 的幂级数.

解 因为 $\dfrac{1}{1-x}=1+x+x^2+\cdots+x^n+\cdots$ $(-1<x<1),$

把 x 换成 $-x^2$,得

$$\frac{1}{1+x^2}=1-x^2+x^4-\cdots+(-1)^nx^{2n}+\cdots \quad (-1<x<1).$$

而 $f'(x)=\dfrac{1}{1+x^2}$,逐项积分,得

$$\int_0^x f'(t)\mathrm{d}t=f(x)-f(0)=\int_0^x\sum_{n=0}^\infty(-1)^n x^{2n}\mathrm{d}x-f(0)=\sum_{n=0}^\infty\frac{(-1)^n}{2n+1}x^{2n+1}-f(0).$$

因 $f(0)=\arctan1=\dfrac{\pi}{4}$,故

$$f(x)=\arctan\frac{1+x}{1-x}=\frac{\pi}{4}+\sum_{n=0}^\infty\frac{(-1)^n}{2n+1}x^{2n+1}, x\in[-1,1).$$

右端级数在 $x=\pm1$ 处均收敛,但当 $x=1$ 时,函数无定义,故收敛区间为 $[-1,1)$.

例 5 将函数 $f(x)=\dfrac{1}{x^2+4x+3}$ 展开成 $(x-1)$ 的幂级数.

解 因为

$$f(x)=\frac{1}{x^2+4x+3}=\frac{1}{(x+1)(x+3)}=\frac{1}{2(1+x)}-\frac{1}{2(3+x)}=\frac{1}{4\left(1+\dfrac{x-1}{2}\right)}-\frac{1}{8\left(1+\dfrac{x-1}{4}\right)},$$

而

$$\frac{1}{4\left(1+\dfrac{x-1}{2}\right)}=\frac{1}{4}\sum_{n=0}^{\infty}\frac{(-1)^n}{2^n}(x-1)^n \quad (-1<x<3),$$

$$\frac{1}{8\left(1+\dfrac{x-1}{4}\right)}=\frac{1}{8}\sum_{n=0}^{\infty}\frac{(-1)^n}{4^n}(x-1)^n \quad (-3<x<5),$$

所以

$$f(x)=\frac{1}{x^2+4x+3}=\sum_{n=0}^{\infty}(-1)^n\left(\frac{1}{2^{n+2}}-\frac{1}{2^{2n+3}}\right)(x-1)^n \quad (-1<x<3).$$

小结

$$\frac{1}{1-x}=1+x+x^2+\cdots+x^n+\cdots(-1<x<1);$$

$$e^x=1+x+\frac{1}{2!}x^2+\cdots\frac{1}{n!}x^n+\cdots(-\infty<x<+\infty);$$

$$\sin x=x-\frac{x^3}{3!}+\frac{x^5}{5!}-\cdots+(-1)^{n-1}\frac{x^{2n-1}}{(2n-1)!}+\cdots(-\infty<x<+\infty);$$

$$\cos x=1-\frac{x^2}{2!}+\frac{x^4}{4!}-\cdots+(-1)^n\frac{x^{2n}}{(2n)!}+\cdots(-\infty<x<+\infty);$$

$$\ln(1+x)=x-\frac{x^2}{2}+\frac{x^3}{3}-\frac{x^4}{4}+\cdots+(-1)^n\frac{x^{n+1}}{n+1}+\cdots(-1<x\leqslant1);$$

$$(1+x)^m=1+mx+\frac{m(m-1)}{2!}x^2+\cdots+\frac{m(m-1)\cdots(m-n+1)}{n!}x^n+\cdots(-1<x<1).$$

 习题 10－4

1. 填空题：

(1) $f(x)=e^x$ 展开成麦克劳林级数为_____，其中 x 应满足_____．

(2) $f(x)=\dfrac{1}{1+x}$ 展开成麦克劳林级数为_____，其中 x 应满足_____．

(3) $f(x)=\ln(1+x)$ 展开成麦克劳林级数为_____，其中 x 应满足_____．

(4) $f(x)=\sin x$ 展开成麦克劳林级数为_____，其中 x 应满足_____．

(5) $f(x)=(1+x)^a$ 展开成麦克劳林级数为_____，其中 x 应满足_____．

2. 将下列函数展开成 x 的幂级数，并求展开式成立的区间：

(1) $\ln(a+x)(a>0)$；　　　　　　　(2) $a^x(a>0,a\neq1)$；

(3) $\dfrac{x}{\sqrt{1-x^2}}$；　　　　　　　　　(4) $\dfrac{x}{1+x-2x^2}$．

3. 将函数 $f(x)=\dfrac{1}{x}$ 展开成 $(x-3)$ 的幂级数.

4. 将函数 $f(x)=\dfrac{x}{x^2-5x+6}$ 展开成 $(x-5)$ 的幂级数.

5. 将函数 $f(x)=\dfrac{1}{x^2}$ 展开成 $(x-1)$ 的幂级数.

第五节　函数的幂级数展开式的应用

级数是进行函数数值计算的主要工具,随着计算机的广泛使用,其在工程技术和近似计算中的作用日趋明显.有了函数的幂级数展开式,就可用它来进行近似计算,即在展开式有效的区间上,函数值可以近似地利用这个级数按精确度要求计算出来.

例1　计算 $\sqrt[9]{522}$ 的近似值(误差不超过 10^{-5}).

解　因为 $\sqrt[9]{522}=\sqrt[9]{2^9+10}=2\left(1+\dfrac{10}{2^9}\right)^{1/9}$,

所以在二项展开式中取 $m=\dfrac{1}{9},x=\dfrac{10}{2^9}$,即得

$$\sqrt[9]{522}=2\left[1+\dfrac{1}{9}\cdot\dfrac{10}{2^9}+\dfrac{1/9(1/9-1)}{2!}\cdot\dfrac{10^2}{2^{18}}+\cdots\right].$$

由于 $\dfrac{1}{9}\cdot\dfrac{10}{2^9}\approx0.002\,170;\dfrac{1/9(1/9-1)}{2!}\cdot\dfrac{10^2}{2^{18}}\approx-0.000\,019$,

要满足精度要求,只需取 $\sqrt[9]{522}\approx2\left[1+\dfrac{1}{9}\cdot\dfrac{10}{2^9}+\dfrac{1/9(1/9-1)}{2!}\cdot\dfrac{10^2}{2^{18}}\right]$,

于是取近似式为 $\sqrt[9]{522}\approx2(1+0.002\,170-0.000\,019)\approx2.004\,30$.

例2　计算 $\ln 2$ 的近似值(误差不超过 10^{-4}).

解　在 $\ln(1+x)$ 展开式中,令 $x=1$ 可得

$$\ln2=1-\dfrac{1}{2}+\dfrac{1}{3}-\cdots+(-1)^{n-1}\dfrac{1}{n}+\cdots.$$

如果取这级数前 n 项和作为 $\ln2$ 的近似值,其误差为

$$|r_n|\leqslant\dfrac{1}{n+1}.$$

为了保证误差不超过 10^{-4},就需要取级数的前 10 000 项进行计算.这样做计算量太大了,我们必须用收敛较快的级数来代替它.

把展开式

$$\ln(1+x)=x-\dfrac{x^2}{2}+\dfrac{x^3}{3}-\dfrac{x^4}{4}+\cdots+(-1)^n\dfrac{x^{n+1}}{n+1}+\cdots(-1<x\leqslant1)$$

中的 x 换成 $-x$,得

$$\ln(1-x)=-x-\dfrac{x^2}{2}-\dfrac{x^3}{3}-\dfrac{x^4}{4}-\cdots\ (-1\leqslant x<1),$$

两式相减,得到不含有偶次幂的展开式:

$$\ln\frac{1+x}{1-x}=\ln(1+x)-\ln(1-x)=2\left(x+\frac{1}{3}x^3+\frac{1}{5}x^5+\cdots\right)\ (-1<x<1).$$

令$\dfrac{1+x}{1-x}=2$,解出$x=\dfrac{1}{3}$. 以$x=\dfrac{1}{3}$代入最后一个展开式,得

$$\ln 2=2\left(\frac{1}{3}+\frac{1}{3}\cdot\frac{1}{3^3}+\frac{1}{5}\cdot\frac{1}{3^5}+\frac{1}{7}\cdot\frac{1}{3^7}+\cdots\right).$$

如果取前四项作为 ln2 的近似值,则误差为

$$|r_4|=2\left(\frac{1}{9}\cdot\frac{1}{3^9}+\frac{1}{11}\cdot\frac{1}{3^{11}}+\frac{1}{13}\cdot\frac{1}{3^{13}}+\cdots\right)$$

$$<\frac{2}{3^{11}}\left[1+\frac{1}{9}+\left(\frac{1}{9}\right)^2+\cdots\right]$$

$$=\frac{2}{3^{11}}\cdot\frac{1}{1-\frac{1}{9}}=\frac{1}{4\cdot3^9}<\frac{1}{70\,000}.$$

于是取 $\ln 2\approx2\left(\dfrac{1}{3}+\dfrac{1}{3}\cdot\dfrac{1}{3^3}+\dfrac{1}{5}\cdot\dfrac{1}{3^5}+\dfrac{1}{7}\cdot\dfrac{1}{3^7}\right).$

同样地,考虑到舍入误差,计算时应取五位小数:

$$\frac{1}{3}\approx0.333\,33,\ \frac{1}{3}\cdot\frac{1}{3^3}\approx0.012\,35,\ \frac{1}{5}\cdot\frac{1}{3^5}\approx0.000\,82,\ \frac{1}{7}\cdot\frac{1}{3^7}\approx0.000\,07.$$

因此,得 $\ln 2\approx0.693\,1$.

从这个例子中,我们可以看出来,利用幂级数展开式近似计算中,函数的选择是很重要的.

例3 求 $\cos2°$的近似值,误差不超过 0.000 1.

解 先把角度化成弧度,

$$2°=\frac{\pi}{180}\times2(弧度)=\frac{\pi}{90}(弧度),$$

在 $\cos x$的幂级数展开式中令 $x=\dfrac{\pi}{90}$,从而

$$\cos\frac{\pi}{90}=1-\frac{1}{2!}\left(\frac{\pi}{90}\right)^2+\frac{1}{4!}\left(\frac{\pi}{90}\right)^4-\cdots(-1)^n\frac{1}{(2n)!}\left(\frac{\pi}{90}\right)^{2n}+\cdots$$

等式右端是一个收敛的交错级数,且各项的绝对值单调减少,而

$$\frac{1}{2!}\left(\frac{\pi}{90}\right)^2\approx6\times10^{-4};\frac{1}{4!}\left(\frac{\pi}{90}\right)^4\approx6\times10^{-8}.$$

故取它的前两项之和作为 $\cos\dfrac{\pi}{90}$的近似值,即可满足精度要求.

因此,取 $\dfrac{\pi}{90}\approx0.034\,906$,

于是得 $\cos 2° \approx 0.999\ 4$. 这时误差不超过 10^{-4}.

例 4 计算定积分 $\int_0^{\frac{1}{2}} \dfrac{1}{1+x^4} \mathrm{d}x$ 的近似值,要求误差不超过 $0.000\ 1$.

解 将 $\dfrac{1}{1-x}$ 的幂级数展开式中的 x 换成 $-x^4$,得到被积函数的幂级数展开式

$$\frac{1}{1+x^4} = 1 + (-x^4) + (-x^4)^2 + (-x^4)^3 + \cdots$$

$$= \sum_{n=0}^{\infty} (-1)^n x^{4n} \quad (-1 < x < 1).$$

于是,根据幂级数在收敛区间内逐项可积,得

$$\int_0^{\frac{1}{2}} \frac{1}{1+x^4} \mathrm{d}x = \int_0^{\frac{1}{2}} \Big[\sum_{n=0}^{\infty} (-1)^n x^{4n} \Big] \mathrm{d}x = \sum_{n=0}^{\infty} (-1)^n \frac{x^{4n+1}}{4n+1} \Big|_0^{0.5}$$

$$\approx \frac{1}{2} - \frac{1}{5}\frac{1}{2^5} + \frac{1}{9}\frac{1}{2^9} - \frac{1}{13}\frac{1}{2^{13}} + \cdots.$$

因为 $\dfrac{1}{5}\dfrac{1}{2^5} \approx 0.006\ 25$,$\dfrac{1}{9}\dfrac{1}{2^9} \approx 0.000\ 22$,$\dfrac{1}{13}\dfrac{1}{2^{13}} \approx 0.000\ 009$,故只需取前 3 项即可满足精度要求.

所以

$$\int_0^{\frac{1}{2}} \frac{1}{1+x^4} \mathrm{d}x \approx \frac{1}{2} - \frac{1}{5}\frac{1}{2^5} + \frac{1}{9}\frac{1}{2^9} \approx 0.494\ 0.$$

 习题 10－5

1. 计算 $\ln 3$(误差不超过 $0.000\ 1$).

2. 利用函数的幂级数展开式求极限 $\lim\limits_{x \to 0} \dfrac{\cos x - \mathrm{e}^{-\frac{x^2}{2}}}{x^2[x + \ln(1-x)]}$.

 复习题 10

一、选择题

1. 下列级数中收敛的是( ).

A. $\sum\limits_{n=1}^{\infty} \dfrac{1}{\sqrt{2n+1}}$　　　　B. $\sum\limits_{n=1}^{\infty} \dfrac{n}{3n+1}$

C. $\sum\limits_{n=1}^{\infty} \dfrac{10}{q^n}(|q|<1)$　　　D. $\sum\limits_{n=1}^{\infty} \dfrac{2^{n-1}}{3^n}$

2. $\sum\limits_{n=1}^{\infty} \dfrac{1}{\sqrt{n^{p+1}}}$ 发散,则有( ).

A. $p \leqslant 0$　　B. $p > 0$　　　C. $p \leqslant 1$　　　D. $p < 1$

3. 下列级数中,条件收敛的级数是(　　).

    A. $\displaystyle\sum_{n=1}^{\infty}(-1)^n\frac{n}{n+1}$ B. $\displaystyle\sum_{n=1}^{\infty}(-1)^n\frac{1}{\sqrt{n}}$

    C. $\displaystyle\sum_{n=1}^{\infty}(-1)^n\frac{\sin n}{n^2}$ D. $\displaystyle\sum_{n=1}^{\infty}\frac{(-1)^n}{n(n+1)}$

4. 下列级数中,绝对收敛的是(　　).

    A. $\displaystyle\sum_{n=1}^{\infty}(-1)^{n-1}\frac{1}{\sqrt{2n+3}}$ B. $\displaystyle\sum_{n=1}^{\infty}(-1)^n\left(\frac{3}{2}\right)^n$

    C. $\displaystyle\sum_{n=1}^{\infty}(-1)^{n-1}\frac{1}{\sqrt{n^3+1}}$ D. $\displaystyle\sum_{n=1}^{\infty}(-1)^n\frac{n-1}{n^2}$

5. 幂级数 $\displaystyle\sum_{n=1}^{\infty}\frac{1}{n\cdot 3^n}x^{2n}$ 的收敛区间为(　　).

    A. $(-\sqrt{3},\sqrt{3})$ B. $\left(-\dfrac{1}{\sqrt{3}},\dfrac{1}{\sqrt{3}}\right)$

    C. $\left(-\dfrac{1}{3},\dfrac{1}{3}\right)$ D. $(-3,3)$

二、填空题

1. 已知级数 $\displaystyle\sum_{n=1}^{\infty}u_n$, $\lim\limits_{n\to\infty}u_n=0$ 是它收敛的_____条件,不是它收敛的_____条件.

2. 若级数 $\displaystyle\sum_{n=1}^{\infty}u_n$ 绝对收敛,则级数 $\displaystyle\sum_{n=1}^{\infty}\mid u_n\mid$ 必定_____;若级数 $\displaystyle\sum_{n=1}^{\infty}u_n$ 条件收敛,则级数 $\displaystyle\sum_{n=1}^{\infty}\mid u_n\mid$ 必定_____.

3. $\displaystyle\sum_{n=1}^{\infty}(-1)^{n-1}\frac{x^n}{n}$ 的收敛半径是_____,收敛域是_____.

4. $\displaystyle\sum_{n=1}^{\infty}\frac{(x-1)^n}{(2n-1)\cdot 3^n}$ 的收敛半径是_____,收敛域是_____.

5. $\displaystyle\sum_{n=1}^{\infty}n\cdot\left(\frac{1}{2}\right)^{n-1}=$ _____.

三、判别下列级数的敛散性.

1. $\displaystyle\sum_{n=1}^{\infty}\frac{n+1}{n^2+1}$.   **2.** $\displaystyle\sum_{n=1}^{\infty}\frac{1}{n^2-4n+5}$.   **3.** $\displaystyle\sum_{n=1}^{\infty}\frac{n+2}{2^n}$.   **4.** $\displaystyle\sum_{n=1}^{\infty}\ln\frac{\pi}{2^n}$.

四、判别下列级数是绝对收敛,还是条件收敛或发散.

1. $\displaystyle\sum_{n=1}^{\infty}(-1)^{n-1}\frac{n}{3^{n-1}}$.   **2.** $\displaystyle\sum_{n=1}^{\infty}(-1)^n\frac{n+\sin n}{2n}$.

五、求幂级数 $\displaystyle\sum_{n=1}^{\infty}\frac{n(n+1)}{2}x^{n-1}$ 的收敛半径,收敛域及在收敛域内的和函数,并求 $\displaystyle\sum_{n=1}^{\infty}\frac{n(n+1)}{2^n}$ 的和.

参考答案

习题 6－1

1. (1) 自变量为 x,未知函数为 y 的一阶方程或自变量为 x,未知函数为 y 的一阶方程;(2) 自变量为 y,未知函数为 x 的二阶方程;(3) 自变量为 t,未知函数为 x 的一阶方程;(4) 自变量为 x,未知函数为 y 的二阶方程;(5) 自变量为 t,未知函数为 s 的四阶方程.

2. (1) 二;(2) 二;(3) 2;(4) 2.

3. (1) 是;(2) 是;(3) 否;(4) 是.

4. (1) $y^2-x^2=25$;(2) $y=-\cos x$.

5. (1) $y'=x^2$;(2) $yy'+2x=0$.

6. 是,是特解.

习题 6－2

1. (1) $y=e^{Cx}$;(2) $y=\frac{1}{5}x^3+\frac{1}{2}x^2+C$;(3) $\arcsin y=\arcsin x+C$;(4) $\tan x\tan y=C$;(5) $10^x+10^{-y}=C$;(6) $(e^x+1)(e^y-1)=C$;(7) $\sin x\sin y=C$;(8) $(x-4)y^4=Cx$.

2. (1) $2e^y=e^{2x}+1$;(2) $\ln y=\csc x-\cot x$;(3) $e^x+1=2\sqrt{2}\cos y$;(4) $x^2y=4$.

3. $v=\sqrt{72\ 500}\approx269.3$ cm/s.

4. $R=R_0e^{-0.000\ 433t}$,时间以年为单位.

5. $xy=6$.

习题 6－3

1. (1) $y+\sqrt{y^2-x^2}=Cx^2$;(2) $\ln\frac{y}{x}=Cx+1$;(3) $y^2=x^2(2\ln|x|+C)$;(4) $x+2ye^{\frac{x}{y}}=C$.

2. (1) $y^3=y^2-x^2$;(2) $\arctan\frac{y}{x}+\ln(x^2+y^2)=\frac{\pi}{4}+\ln2$.

3. (1) $y+x=\tan(x+C)$;(2) $(x-y)^2=-2x+C$;(3) $xy=e^{Cx}$.

习题 6－4

1. (1) $y=e^{-x}(x+C)$;(2) $\rho=\frac{2}{3}+Ce^{-3\theta}$;(3) $y=(x+C)e^{-\sin x}$;(4) $y=C\cos x-2\cos^2x$;(5) $y=\frac{1}{x^2-1}(\sin x+C)$;(6) $y=2+Ce^{-x^2}$;(7) $x=\frac{1}{2}y^2+Cy^3$;(8) $2x\ln y=\ln^2y+C$.

2. (1) $y=x\sec x$;(2) $y=\frac{1}{x}(\pi-1-\cos x)$;(3) $y\sin x+5e^{\cos x}=1$;(4) $2y=x^3-x^3e^{\frac{1}{x}-1}$.

3. $y=2(e^x-x-1)$.

习题 6－5

1. (1) $y=\frac{1}{6}x^3-\sin x+C_1x+C_2$;(2) $y=(x-3)e^x+C_1x^2+C_2x+C_3$;(3) $y=x\arctan x-\frac{1}{2}\ln(1+x^2)+C_1x+C_2$;(4) $y=-\ln|\cos(x+C_1)|+C_2$;(5) $y=C_1e^x-\frac{1}{2}x^2-x+C_2$;(6) $y=C_1\ln|x|+C_2$;(7) $C_1y^2-1=(C_1x+C_2)^2$;(8) $y=\arcsin(C_2e^x)+C_1$.

2. (1) $y=\frac{1}{a^3}e^{ax}-\frac{e^a}{2a}x^2+\frac{e^a}{a^2}(a-1)x+\frac{e^a}{2a^3}(2a-a^2-2)$;(2) $y=-\frac{1}{a}\ln(ax+1)$;(3) $y=\arcsin x$;

(4) $y=\left(\dfrac{1}{2}x+1\right)^4$.

3. $y=\dfrac{x^3}{6}+\dfrac{x}{2}+1$.

习题 6-6

1. (1) $y=C_1e^x+C_2e^{-2x}$; (2) $y=C_1+C_2e^{4x}$; (3) $y=C_1\cos x+C_2\sin x$;

(4) $y=e^{-3x}(C_1\cos2x+C_2\sin2x)$; (5) $x=(C_1+C_2t)e^{\frac{5}{2}t}$; (6) $y=e^{2x}(C_1\cos x+C_2\sin x)$.

2. (1) $y=4e^x+2e^{3x}$; (2) $y=(2+x)e^{-\frac{x}{2}}$; (3) $y=e^{-x}-e^{4x}$; (4) $y=3e^{-2x}\sin5x$;

(5) $y=2\cos5x+\sin5x$; (6) $y=e^{2x}\sin3x$.

3. $x=\dfrac{v_0}{\lambda}(1-e^{-\lambda t})e^{\frac{1}{2}t(\lambda-k_2)}$, 其中 $\lambda=\sqrt{k_2^2+4k_1}$.

习题 6-7

1. (1) $y=C_1e^{\frac{x}{2}}+C_2e^{-x}+e^x$; (2) $y=C_1\cos ax+C_2\sin ax+\dfrac{1}{1+a^2}e^x$; (3) $y=C_1+C_2e^{-\frac{5}{2}x}+\dfrac{1}{3}x^3-$

$\dfrac{3}{5}x^2+\dfrac{7}{25}x$; (4) $y=C_1e^{-x}+C_2e^{-2x}+\left(\dfrac{3}{2}x^2-3x\right)e^{-x}$; (5) $y=C_1e^{-x}+C_2e^{-4x}-\dfrac{x}{2}+\dfrac{11}{8}$; (6) $y=$

$(C_1+C_2x)e^{3x}+x^2\left(\dfrac{1}{6}x+\dfrac{1}{2}\right)e^{3x}$; (7) $y=C_1e^{-x}+C_2e^{-2x}+\dfrac{1}{2}(\sin x-\cos x)e^{-x}$; (8) $y=C_1\cos2x+$

$C_2\sin2x+\dfrac{1}{3}x\cos x+\dfrac{2}{9}\sin x$.

2. (1) $y=\dfrac{11}{16}+\dfrac{5}{16}e^{4x}-\dfrac{5}{4}x$; (2) $y=-5e^x+\dfrac{7}{2}e^{2x}+\dfrac{5}{2}$; (3) $y=\dfrac{1}{2}(e^{9x}+e^x)-\dfrac{1}{7}e^{2x}$; (4) $y=e^x-$

$e^{-x}+e^x(x^2-x)$; (5) $y=-\cos x-\dfrac{1}{3}\sin x+\dfrac{1}{3}\sin2x$.

3. $x=\dfrac{mg}{k}t-\dfrac{m^2g}{k^2}\left(1-e^{-\frac{k}{m}t}\right)$.

习题 6-8

1. (1) $y_t=C2^t$; (2) $y_t=C(-3)^t$; (3) $y_t=C\cdot\left(-\dfrac{3}{2}\right)^t$.

2. (1) $y_t=3^{t+1}$; (2) $y_t=2\cdot(-1)^{t+1}$.

3. (1) $y_t=C(-2)^t+1$; (2) $y_t=C-3t$; (3) $y_t=C2^t-9-6t-3t^2$; (4) $y_t=C+\dfrac{1}{2}t^2+\dfrac{1}{2}t$; (5) $y_t=$

$C\left(\dfrac{1}{2}\right)^t+\dfrac{1}{2}\left(\dfrac{5}{2}\right)^t$; (6) $y_t=C(-2)^t-\dfrac{1}{27}-\dfrac{2}{9}t+\dfrac{1}{3}t^2+\dfrac{1}{6}\cdot4^t$.

4. (1) $y_t=5+2t+t^2$; (2) $y_t=\dfrac{2}{9}\cdot\left(-\dfrac{1}{2}\right)^t+\dfrac{1}{3}t+\dfrac{7}{9}$; (3) $y_t=2^t-t+1$.

复习题 6

一、1. A.　2. A.　3. B.　4. B.　5. C.

二、1. $y_t=C\cdot(-1)^t+\left(\dfrac{t}{3}-\dfrac{2}{9}\right)2^t$.　2. $\dfrac{3-2n}{2^{n+1}},\dfrac{2n-5}{2^{n+2}}$.　3. $y_t=1+t^2$.

三、1. $xy+\dfrac{1}{2}y^2=C$.　2. $\arctan(x+y)=x+C$.

四、1. $\dfrac{1-\cos(x+y)}{\sin(x+y)}=\dfrac{\pi}{2(x+y)}$.　2. $y=xe^{-x}+\dfrac{1}{2}\sin x$.

五、$y=x-x\ln x$.

六、$Q=650-5P-P^2$.

习题 7−1

（A）

2. $\left\{-\dfrac{1}{3},\dfrac{2}{3},-\dfrac{2}{3}\right\}$.

3. $m=15,n=-\dfrac{1}{5}$.

4. $\pm\dfrac{1}{11}(6\boldsymbol{i}+7\boldsymbol{j}-6\boldsymbol{k})$.

5. $x=\dfrac{x_1+\lambda x_2}{1+\lambda},y=\dfrac{y_1+\lambda y_2}{1+\lambda},z=\dfrac{z_1+\lambda z_2}{1+\lambda}$.

6. $p=9,q=12$.

7. $\cos\alpha=-\dfrac{1}{2},\cos\beta=-\dfrac{\sqrt{2}}{2},\cos\gamma=\dfrac{1}{2},\alpha=\dfrac{2\pi}{3},\beta=\dfrac{3\pi}{4},\gamma=\dfrac{\pi}{3}$.

8. $\left\{\dfrac{3}{2},\dfrac{3}{2},\pm\dfrac{3\sqrt{2}}{2}\right\},\left(\dfrac{7}{2},\dfrac{3}{2},-1\pm\dfrac{3\sqrt{2}}{2}\right)$.

9. (1) $(5,-1,-3)$；(2) $(-2,3,0)$.

10. $(18,17,-17)$.

（B）

1. (1) 38；(2) 64；(3) $25°12'32''$.

2. $3,2,-1$.

5. 24.

6. $\sqrt{3}$.

7. $5\boldsymbol{i}-14\boldsymbol{j}-8\boldsymbol{k}$.

8. $\pm\dfrac{1}{\sqrt{6}}(-2\boldsymbol{i}-\boldsymbol{j}+\boldsymbol{k})$.

9. $\pm\dfrac{3}{\sqrt{13}}(2\boldsymbol{i}+3\boldsymbol{k})$

10. 500(焦).

11. $\dfrac{\sqrt{11}}{2}$.

12. 2.

习题 7−2

1. $2x+3z=0$.

2. $4x-3y+z-6=0$.

3. $\dfrac{x}{4}+\dfrac{y}{2}+\dfrac{z}{4}=1$.

4. $x+z-1=0$.

5. (1) $l=18,m=-\dfrac{2}{3}$；(2) $l=6$.

6. $9y-z-2=0$.

7. $\dfrac{x+8}{-5}=\dfrac{y-1}{1}=\dfrac{z-7}{5},\begin{cases}x=-8-5t\\y=1+t\\z=7+5t\end{cases}$.

8. $\dfrac{x-1}{3}=\dfrac{y-2}{-1}=\dfrac{z-1}{1}$.

9. $x+y+3z-6=0$.

10. $\dfrac{\pi}{3}$.

11. $4x+3y-6z+18=0$.

12. $\alpha=59°12',\beta=39°48',\gamma=102°35'$.

13. (1) 平行；(2) 垂直.

14. 交点是$(36,-28,13),\varphi=5°6'40''$.

习题 7-3

1. (1) 球心$\left(-2,1,-\dfrac{1}{2}\right)$，半径为 2；(2) 球心$\left(0,0,\dfrac{1}{4}\right)$，半径为$\dfrac{1}{4}$.

2. $8x^2+8y^2+8z^2-68x+108y-114z+779=0$.

3. $\begin{cases}x^2+y^2=3^2\\z=5\end{cases}$或$\begin{cases}x^2+y^2=3^2\\z=-5\end{cases}$.

4. (1) 是；(2) 是；(3) 不是；(4) 是；(5) 是；(6) 不是.

7. $\begin{cases}\left(x-\dfrac{1}{2}\right)^2+y^2=\dfrac{5}{4}\\z=0\end{cases}$.

8. $\begin{cases}x^2+2y^2-2y=0\\z=0\end{cases}$.

复习题 7

一、**1.** C. **2.** C. **3.** A. **4.** C. **5.** C.

二、**1.** 共面. **2.** $-(x+1)+(y-2)-(8-1)=0$. **3.** $y-z=0$. **4.** 3.

三、**1.** $(0,2,0)$. **2.** $z=-4$ 时，最小值$\theta=\dfrac{\pi}{4}$. **3.** $\begin{cases}x-3z+1=0\\37x+20y-11z+122=0\end{cases}$.

习题 8-1

1. $t^2f(x,y)$.

2. (1) $\{(x,y)\mid y^2>2x-1\}$；(2) $\{(x,y)\mid |x|\leqslant 1,|y|\geqslant 1\}$；(3) $\{(x,y)\mid x+y\leqslant 1,y-x\leqslant 1\}$；

(4) $\left\{(x,y)\mid \dfrac{x^2}{a^2}+\dfrac{y^2}{b^2}\leqslant 1\right\}$.

3. (1) 1；(2) 3；(3) ln2；(4) e^2，提示$(1+xy)^{\frac{1}{x}}=[(1+xy)^{\frac{1}{xy}}]^y$；(5) 0；(6) 0.

习题 8-2

1. $\dfrac{\partial z}{\partial x}\Big|_{(1,2)}=(2x-2y)\big|_{(1,2)}=2-4=-2;\dfrac{\partial z}{\partial y}\Big|_{(1,2)}=(-2x+9y^2)\big|_{(1,2)}=-2+36=34$.

2. (1) $\dfrac{\partial z}{\partial x}=3x^2y^2-3y^3-y,\dfrac{\partial z}{\partial y}=2x^3y-9xy^2-x$；(2) $\dfrac{\partial z}{\partial x}=y+\dfrac{1}{y},\dfrac{\partial z}{\partial y}=x-\dfrac{x}{y^2}$；

(3) $\dfrac{\partial z}{\partial x}=y[\cos(xy)-\sin(2xy)],\dfrac{\partial z}{\partial y}=x[\cos(xy)-\sin(2xy)]$；

(4) $\dfrac{\partial z}{\partial x}=\dfrac{2}{y}\csc\dfrac{2x}{y},\dfrac{\partial z}{\partial y}=-\dfrac{2x}{y^2}\csc\dfrac{2x}{y}$；(5) $\dfrac{\partial s}{\partial u}=\dfrac{1}{v}-\dfrac{v}{u^2},\dfrac{\partial s}{\partial v}=\dfrac{1}{u}-\dfrac{u}{v^2}$，提示$s=\dfrac{u}{v}+\dfrac{v}{u}$；

(6) $\dfrac{\partial z}{\partial x}=\dfrac{(x^2+e^y)[2y+y\cos(xy)]-2x[2xy+\sin(xy)]}{(x^2+e^y)^2}$；

$\dfrac{\partial z}{\partial y}=\dfrac{(x^2+e^y)[2x+x\cos(xy)]-e^y[2xy+\sin(xy)]}{(x^2+e^y)^2}$；(7) $\dfrac{\partial z}{\partial x}=y^2(1+xy)y-1$,

$\dfrac{\partial z}{\partial y}=(1+xy)^y\left[\ln(1+xy)+\dfrac{xy}{1+xy}\right]$；(8) $\dfrac{\partial u}{\partial x}=y^2+2xz,\dfrac{\partial u}{\partial y}=2xy+z^2,\dfrac{\partial u}{\partial z}=2yz+x^2$.

3. (1) $\dfrac{\partial^2 z}{\partial x^2}=6x+6y,\dfrac{\partial^2 z}{\partial y^2}=12y^2,\dfrac{\partial^2 z}{\partial x \partial y}=6x$;(2) $\dfrac{\partial^2 z}{\partial x^2}=\dfrac{2xy}{(x^2+y^2)^2},\dfrac{\partial^2 z}{\partial y^2}=-\dfrac{2xy}{(x^2+y^2)^2},\dfrac{\partial^2 z}{\partial x \partial y}=$

$\dfrac{y^2-x^2}{(x^2+y^2)^2}$;(3) $\dfrac{\partial^2 z}{\partial x^2}=y^x \ln^2 y,\dfrac{\partial^2 z}{\partial y^2}=x(x-1)y^{x-2},\dfrac{\partial^2 z}{\partial x \partial y}=y^{x-1}(1+x\ln y)$;(4) $\dfrac{\partial^2 z}{\partial x^2}=\dfrac{1}{x},\dfrac{\partial^2 z}{\partial y^2}=-\dfrac{x}{y^2},\dfrac{\partial^2 z}{\partial x \partial y}$

$=\dfrac{1}{y}$.

4. $f_{xx}\left(\dfrac{\pi}{2},0\right)=-1,f_{xy}\left(\dfrac{\pi}{2},0\right)=0.$

习题 8-3

1. (1) $\mathrm{d}z=2xy\mathrm{d}x+(x^2+2y)\mathrm{d}y$;(2) $\mathrm{d}z=-\dfrac{x}{(x^2+y^2)^{3/2}}(y\mathrm{d}x-x\mathrm{d}y)$;(3) $\mathrm{d}z=$

$-\dfrac{1}{x}\mathrm{e}^{\frac{y}{x}}\left(\dfrac{y}{x}\mathrm{d}x-\mathrm{d}y\right)$;(4) $\mathrm{d}z=\mathrm{e}^{xy}[y\cos(x+y)-\sin(x+y)]\mathrm{d}x+\mathrm{e}^{xy}[x\cos(x+y)-\sin(x+y)]\mathrm{d}y$;

(5) $\mathrm{d}z=\left[\ln(3x-y^2)+\dfrac{3x}{3x-y^2}\right]\mathrm{d}x-\dfrac{2xy}{3x-y^2}\mathrm{d}y$;(6) $\mathrm{d}z=yz\mathrm{d}x+xz\mathrm{d}y+xy\mathrm{d}z.$

2. $\mathrm{d}z=\dfrac{1}{3}\mathrm{d}x+\dfrac{2}{3}\mathrm{d}y.$

3. $\Delta z=-0.119,\mathrm{d}z=-0.125.$

4. $2.039.$

5. 减少 5 cm.

习题 8-4

1. $\dfrac{\partial z}{\partial x}=3x^2\sin y\cos y(\cos y-\sin y),\dfrac{\partial z}{\partial y}=-2x^3\sin y\cos y(\sin y+\cos y)+x^3(\sin^3 y+\cos^3 y).$

2. $\dfrac{\partial z}{\partial x}=(1+x^2+y^2)^{xy}\left[y\ln(1+x^2+y^2)+\dfrac{2x^2 y}{1+x^2+y^2}\right],$

$\dfrac{\partial z}{\partial y}=(1+x^2+y^2)^{xy}\left[x\ln(1+x^2+y^2)+\dfrac{2xy^2}{1+x^2+y^2}\right].$

3. $\dfrac{\mathrm{d}y}{\mathrm{d}x}=-\sin^3 x(\cos x)^{-\cos^2 x}+\sin 2x \cdot (\cos x)^{\sin^2 x} \cdot \ln\cos x.$

4. $\dfrac{\mathrm{d}z}{\mathrm{d}t}=\dfrac{3(1-4t^2)}{\sqrt{1-(3t-4t^3)^2}}.$

5. $\dfrac{\mathrm{d}z}{\mathrm{d}x}=\dfrac{\mathrm{e}^x(1+x)}{1+x^2\mathrm{e}^{2x}}.$

6. (1) $\dfrac{\partial z}{\partial x}=2xyf_1'+f_2',\dfrac{\partial z}{\partial y}=x^2f_1'+\sin yf_2'$;(2) $\dfrac{\partial z}{\partial x}=f_1'-\dfrac{y}{x^2}f_2',\dfrac{\partial z}{\partial y}=\dfrac{1}{x}f_2'$;(3) $\dfrac{\partial z}{\partial x}=y\mathrm{e}^{xy}+$

$2xf'(u),\dfrac{\partial z}{\partial y}=x\mathrm{e}^{xy}-\dfrac{1}{y}f'(u)$,其中 $u=x^2-\ln y$;(4) $\dfrac{\partial u}{\partial x}=yf_1'+2xf_2'+yzf_3',\dfrac{\partial u}{\partial y}=xf_1'+2yf_2'+xzf_3',$

$\dfrac{\partial u}{\partial z}=xyf_3'.$

7. $\dfrac{\partial^2 z}{\partial x^2}=f''_{11}+\dfrac{2}{y}f''_{12}+\dfrac{1}{y^2}f''_{22};\dfrac{\partial^2 z}{\partial x \partial y}=-\dfrac{1}{y^2}f_2'-\dfrac{x}{y^2}f''_{12}-\dfrac{x}{y^3}f''_{22};\dfrac{\partial^2 z}{\partial y^2}=\dfrac{2x}{y^3}f_2'+\dfrac{x^2}{y^4}f''_{22}.$

8. 提示:$\dfrac{\partial z}{\partial x}=2x\varphi'(u),\dfrac{\partial z}{\partial y}=2y\varphi'(u)$,其中 $u=x^2+y^2$. 验证过程略.

9. 提示:$\dfrac{\partial z}{\partial x}=-\dfrac{y^2}{3x^2}+y\varphi'(u),\dfrac{\partial z}{\partial y}=\dfrac{2y}{3x}+x\varphi'(u)$,其中 $u=xy$. 验证过程略.

习题 8-5

1. (1) $\dfrac{\mathrm{d}y}{\mathrm{d}x}=\dfrac{y^2-\mathrm{e}^x}{\cos y-2xy}$;(2) $\dfrac{\mathrm{d}y}{\mathrm{d}x}=\dfrac{y^2}{1-xy}$;(3) $\dfrac{\mathrm{d}y}{\mathrm{d}x}=\dfrac{x+y}{x-y}$;(4) $\dfrac{\mathrm{d}x}{\mathrm{d}z}=\dfrac{y-z}{x-y},\dfrac{\mathrm{d}y}{\mathrm{d}z}=\dfrac{z-x}{x-y}.$

2. (1) $\dfrac{\partial z}{\partial x}=\dfrac{2xz^2}{2y-3x^2z},\dfrac{\partial z}{\partial y}=\dfrac{z}{3x^2z-2y}$;(2) $\dfrac{\partial z}{\partial x}=\dfrac{1}{e^z+1},\dfrac{\partial z}{\partial y}=\dfrac{2y}{e^z+1}$;(3) $\dfrac{\partial z}{\partial x}=\dfrac{z}{x+z},\dfrac{\partial z}{\partial y}=\dfrac{z^2}{y(x+z)}$;

(4) $\dfrac{\partial u}{\partial x}=-\dfrac{xu+yv}{x^2+y^2},\dfrac{\partial v}{\partial x}=\dfrac{yu-xv}{x^2+y^2}$.

4. $\dfrac{\partial^2 z}{\partial x^2}=\dfrac{(2-z)^2+x^2}{(2-z)^3}$.

习题 8-6

1. 极大值:$f\left(\dfrac{2}{3},\dfrac{2}{3}\right)=\dfrac{8}{27}$.

2. 极小值:$f\left(\dfrac{1}{2},-1\right)=-\dfrac{e}{2}$.

3. 极大值:$f(0,0)=0$;极小值:$f(2,2)=-8$.

4. 极大值:$z\left(\dfrac{1}{2},\dfrac{1}{2}\right)=\dfrac{1}{4}$.

5. 所求点为 $P\left(\dfrac{1}{3},\dfrac{1}{3}\right)$;最小值为 $\dfrac{4}{3}$.

6. 当长、宽、高均为 $\dfrac{2a}{\sqrt{3}}$ 时可得最大的体积.

7. $\dfrac{7\sqrt{2}}{8}$.

8. (1) $P_1=10$(万元/吨),$P_2=7$(万元/吨),$D_1=4$(吨),$D_2=5$(吨),最大利润 $L=52$(万元). (2) $P_1=P_2=8$(万元/吨),$D_1=5$(吨),$D_2=4$(吨),最大利润 $L=49$(万元). 比较(1)(2)两个结果可知企业实行差别定价所得总利润要大于统一定价的总利润.

复习题 8

一、1. D. **2.** C. **3.** B. **4.** C. **5.** B.

二、1. $\{(x,y)|x>y\ 且\ xy\geqslant0\}$　**2.** $xy(1+x)^{xy-1}+y(1+x)^{xy}\ln(1+x),x(1+x)^{xy}\ln(1+x)$.

3. $-\dfrac{2x\mathrm{d}x+z\mathrm{d}y}{y+1}$.　**4.** $\dfrac{y(1+z^2)(e^{xy}+z)}{1-xy(1+z^2)}$.

三、1. $\dfrac{\partial z}{\partial x}=-\dfrac{1}{x}+(e^{xy}+2x),\dfrac{\partial z}{\partial y}=\dfrac{1}{y}+(e^{xy}+x)x$.　**2.** $\dfrac{\partial z}{\partial x}=\dfrac{3y^2}{3x^3-2x^2y}-\dfrac{2y^2\ln(3x-2y)}{x^3},\dfrac{\partial z}{\partial y}=\dfrac{2y\ln(3x-2y)}{x^2}-\dfrac{2y^2}{3x^3-2x^2y}$.　**3.** $\mathrm{d}z=\dfrac{2}{(x-y)^2}(x\mathrm{d}y-y\mathrm{d}x)$　**4.** $\dfrac{\partial^2 z}{\partial x\partial y}=\dfrac{1}{(1-x^2y^2)^{\frac{3}{2}}}$　**5.** 极大值 $z(2,-2)=8$.

习题 9-1

1. (1) $\iint\limits_{D}(x^2+y^2)\mathrm{d}\sigma$;(2) $\iint\limits_{D}\mu(x,y)\mathrm{d}\sigma$;(3) πR^2;(4) $\dfrac{128}{3}\pi$;(5) $\leqslant$.

2. (1) $2\leqslant I\leqslant10$;(2) $\dfrac{100}{51}\leqslant I\leqslant2$;(3) $36\pi\leqslant I\leqslant100\pi$;(4) $8\pi(5-\sqrt{2})\leqslant I\leqslant8\pi(5+\sqrt{2})$.

习题 9-2

1. (1) $\displaystyle\int_0^1\mathrm{d}x\int_{x^2}^x f(x,y)\mathrm{d}y=\int_0^1\mathrm{d}y\int_y^{\sqrt{y}}f(x,y)\mathrm{d}x$;(2) $\displaystyle\int_{-1}^1\mathrm{d}x\int_0^{\sqrt{1-x^2}}f(x,y)\mathrm{d}y=\int_0^1\mathrm{d}y\int_{-\sqrt{1-y^2}}^{\sqrt{1-y^2}}f(x,y)\mathrm{d}x$;

(3) $\displaystyle\int_0^1\mathrm{d}y\int_y^{2-y}f(x,y)\mathrm{d}x=\int_0^1\mathrm{d}x\int_0^x f(x,y)\mathrm{d}y+\int_1^2\mathrm{d}x\int_0^{2-x}f(x,y)\mathrm{d}y$.

2. (1) $\displaystyle\int_0^1\mathrm{d}x\int_x^1 f(x,y)\mathrm{d}y=\int_0^1\mathrm{d}y\int_0^y f(x,y)\mathrm{d}x$;(2) $\displaystyle\int_0^1\mathrm{d}x\int_0^{x^2}f(x,y)\mathrm{d}y+\int_1^2\mathrm{d}x\int_0^{\sqrt{1-(x-1)^2}}f(x,y)\mathrm{d}y=\int_0^1\mathrm{d}y\int_{\sqrt{y}}^{1+\sqrt{1-y^2}}f(x,y)\mathrm{d}x$;(3) $\displaystyle\int_0^1\mathrm{d}y\int_y^{1+\sqrt{1-y^2}}f(x,y)\mathrm{d}x=\int_0^1\mathrm{d}x\int_0^x f(x,y)\mathrm{d}y+\int_1^2\mathrm{d}x\int_0^{\sqrt{2x-x^2}}f(x,y)\mathrm{d}y$.

3. (1) $\dfrac{684}{3}$;(2) $\dfrac{9}{8}$;(3) $\dfrac{1}{8}$;(4) π;(5) $\dfrac{1}{6}-\dfrac{1}{3e}$;(6) $\dfrac{11}{15}$.

4. (1) a^2;(2) -4;(3) $\dfrac{1}{3}$.

5. (1) $I=\displaystyle\int_0^R \mathrm{d}y\int_y^{\sqrt{R^2-y^2}}\mathrm{d}x$;(2) $\dfrac{R^2}{2}\Big(1-\dfrac{\pi}{4}\Big)$.

7. 18.　**8.** $\dfrac{16}{3}a^3\Big(\dfrac{\pi}{2}-\dfrac{2}{3}\Big)$.　**9.** $\dfrac{17}{6}$.

复习题 9

一、**1.** C.　**2.** B.　**3.** B.　**4.** C.　**5.** A.

二、**1.** 2π.　**2.** $\displaystyle\int_0^1 \mathrm{d}y\int_{-\sqrt{y}}^{\sqrt{y}}f(x,y)\mathrm{d}x$.　**3.** $-\dfrac{2}{15}$.　**4.** $\pi(\mathrm{e}^4-1)$.　**5.** $\displaystyle\int_{-\frac{\pi}{2}}^{\frac{\pi}{2}}\mathrm{d}\theta\int_0^{2\cos\theta}f(\rho\cos\theta,\rho\sin\theta)\rho\,\mathrm{d}\rho$.

三、**1.** $\dfrac{9}{4}$.　**2.** 9π.　**3.** $-\dfrac{1}{2}(\mathrm{e}^{-1}-1)$.

习题 10－1

1. (1) 是;(2) 非;(3) 非;(4) 是;(5) 是;(6) 非.

2. (1) 收敛,$\dfrac{1}{2}$;(2) 发散;(3) 收敛,$\dfrac{3}{2}$;(4) 发散;(5) 发散;(6) 收敛,$1-\sqrt{2}$.

习题 10－2

1. (1) 是;(2) 非;(3) 非;(4) 是;(5) 非;(6) 非;(7) 是.

2. (1) 发散;(2) 收敛;(3) 收敛;(4) $a>1$ 时收敛,$a\leqslant 1$ 时发散.

3. (1) 发散;(2) 收敛;(3) $a<\mathrm{e}$ 时收敛,$a\geqslant \mathrm{e}$ 时发散;(4) 收敛.

4. (1) 收敛;(2) 收敛;(3) 收敛;(4) $a>b$ 时收敛,$a<b$ 时发散,$a=b$ 时无法判断.

5. (1) 条件收敛;(2) 条件收敛;(3) 发散;(4) 条件收敛.

习题 10－3

1. (1) $1,[-1,1)$;(2) $(-\sqrt{2},\sqrt{2})$;(3) $(-2,0]$;(4) $[0,2]$.

2. (1) $R=1,(-1,1)$;(2) $R=3,[-3,3)$;(3) $R=1,(-1,1)$;(4) $R=1,(4,6)$.

3. (1) $s(x)=\dfrac{1}{4}\ln\dfrac{1+x}{1-x}+\dfrac{1}{2}\arctan x-x,x\in(-1,1)$;(2) $s(x)=\dfrac{x}{(1-x)^2},x\in(-1,1)$;(3) $s(x)=\dfrac{1+x}{(1-x)^3},x\in(-1,1),s=\dfrac{1}{27}$.

习题 10－4

1. (1) $\mathrm{e}^x=1+x+\dfrac{x^2}{2!}+\cdots+\dfrac{x^n}{n!}+\cdots,x\in(-\infty,+\infty)$;(2) $\dfrac{1}{1+x}=1-x+x^2-x^3+\cdots+(-1)^n x^n+\cdots,x\in(-1,1)$;(3) $\ln(1+x)=x-\dfrac{x^2}{2}+\dfrac{x^3}{3}-\dfrac{x^4}{4}+\cdots+(-1)^n\dfrac{x^{n+1}}{n+1}+\cdots,x\in(-1,1)$;(4) $\sin x=\displaystyle\sum_{k=0}^{\infty}\dfrac{(-1)^k}{(2k+1)!}x^{2k+1},x\in(-\infty,+\infty)$;(5) $(1+x)^a=1+ax+\dfrac{a(a-1)}{2!}x^2+\cdots+\dfrac{a(a-1)(a-2)\cdots(a-n+1)}{n!}x^n+\cdots,x\in(-1,1)$.

2. (1) $\ln(a+x)=\ln a+\displaystyle\sum_{n=1}^{\infty}(-1)^{n-1}\dfrac{1}{n}\Big(\dfrac{x}{a}\Big)^n,x\in(-a,a]$;(2) $a^x=\displaystyle\sum_{n=0}^{\infty}\dfrac{(x\ln a)^n}{n!},x\in(-\infty,+\infty)$;(3) $\dfrac{x}{\sqrt{1-x^2}}=x+\displaystyle\sum_{n=1}^{\infty}(-1)^n\dfrac{2(2n)!}{(n!)^2}\Big(\dfrac{x}{2}\Big)^{2n+1},x\in(-1,1]$;(4) $\dfrac{x}{1+x-2x^2}=\displaystyle\sum_{n=0}^{\infty}(-1)^n(2x)^n+\displaystyle\sum_{n=0}^{\infty}x^n,x\in\Big(-\dfrac{1}{2},\dfrac{1}{2}\Big)$.

3. $\dfrac{1}{x} = \dfrac{1}{3}\sum\limits_{n=0}^{\infty}(-1)^n\dfrac{(x-3)^n}{3}, x\in(0,6).$

4. $\dfrac{x}{x^2-5x+6} = \sum\limits_{n=0}^{\infty}(-1)^n\left(\dfrac{3}{2}\dfrac{1}{2^n}-\dfrac{2}{3}\dfrac{1}{3^n}\right)(x-5)^n, x\in(3,7).$

5. $\dfrac{1}{x^2} = \sum\limits_{n=1}^{\infty}(-1)^{n-1}n(x-1)^{n-1}, x\in(0,2).$

习题 10 - 5

1. 1.098 6.   **2.** $\dfrac{1}{6}$.

复习题 10

一、**1.** D.   **2.** A.   **3.** B.   **4.** C.   **5.** A.

二、**1.** 必要,充分.   **2.** 收敛,发散.   **3.** 1,$(-1,1]$.   **4.** 3,$[-3,3)$.   **5.** 4.

三、**1.** 发散.   **2.** 收敛.   **3.** 收敛.   **4.** 收敛.

四、**1.** 绝对收敛.   **2.** 发散.

五、$R=1,(-1,1),s(x)=\dfrac{1}{(1-x)^3},8.$

参考文献

[1] 赵树嫄. 微积分[M]. 北京:中国人民大学出版社,2007.

[2] 林益,刘国钧,徐建豪. 微积分[M]. 武汉:武汉理工大学出版社,2006.

[3] 宋礼民,杜洪艳,吴洁. 高等数学[M]. 上海:复旦大学出版社,2010.

[4] 同济大学数学系. 高等数学[M]. 上海:同济大学出版社,2014.

[5] 孟广武,张晓岚. 高等数学[M]. 上海:同济大学出版社,2014.